高等教育安全工程专业规划教材

安全系统工程

刘 辉 主 编
孙世梅 马池香 副主编

U0293000

中国建筑工业出版社

图书在版编目（CIP）数据

安全系统工程/刘辉主编. —北京：中国建筑工业出版社，2016.3（2022.12重印）

高等教育安全工程专业规划教材

ISBN 978-7-112-19090-4

Ⅰ.①安… Ⅱ.①刘… Ⅲ.①安全系统工程-高等学校-教材 Ⅳ.①X913.4

中国版本图书馆 CIP 数据核字（2016）第 030206 号

本书在对安全系统工程的相关基本概念进行介绍的基础上，以系统生命周期的思想为主线。全书共分为 6 章，第一章介绍安全系统工程的发展简史、基本概念及研究内容；第二章介绍危险源的定义及分类、辨识方法和重大危险源，是系统安全分析的基础；第三章强调系统安全分析基本概念、程序、应用实例和适用性；第四章介绍安全评价的基本理论、程序和几种安全评价方法；第五章介绍常用的安全预测方法；第六章介绍常用的几种安全决策方法和安全对策措施。

本教材适用于安全工程专业及其他相关专业的本科教学，也可作为广大安全工程教学与研究工作者和从事生产安全实践工作者的参考读本。

责任编辑：张文胜　田启铭
责任设计：李志立
责任校对：李美娜　姜小莲

高等教育安全工程专业规划教材
安 全 系 统 工 程
刘　辉　主　编
孙世梅　马池香　副主编

*

中国建筑工业出版社出版、发行（北京西郊百万庄）
各地新华书店、建筑书店经销
北京红光制版公司制版
北京建筑工业印刷厂印刷

*

开本：787×1092毫米　1/16　印张：11　字数：265千字
2016 年 6 月第一版　　2022 年 12 月第三次印刷
定价：**25.00** 元
ISBN 978-7-112-19090-4
(28307)

前　言

随着社会进步和安全生产法制的不断推进，安全理念已经发生了重大改变，"以人为本，安全发展"成为保证社会经济持续健康发展的重要安全理念。解决生产中存在的安全问题，也在从"问题出发型"向"问题发现型"转变，对安全的认识程度大幅提升。安全系统工程为解决安全问题提供安全系统工程原理和方法，安全系统工程是高等学校安全工程专业的必修课程之一。

本书结合作者多年从事安全系统工程教学实践和施工安全方面的相关研究，并在整理授课教案及讲义的基础上进一步充实、提高，应用实例更加突出了建筑安全工程的特点。本书力求层次分明，结构合理，应用实例新颖典型，以系统生命周期的思想为主线，涵盖了安全系统工程基本概念、系统安全分析、系统安全评价、系统安全预测、系统安全决策等相关内容。通过本书的学习，学生能掌握安全系统工程原理和方法，对一定环境条件下系统的危险性进行定性和定量分析、评价和预测，把握系统设计、施工、运行及管理过程中的危险性，提出系统危险的预防和控制对策。

本书由吉林建筑大学刘辉任主编，吉林建筑大学孙世梅、青岛理工大学马池香任副主编。本书共分为六章，第一章绪论，由吉林建筑大学刘辉和孙世梅编写；第二章危险源辨识，由青岛理工大学马池香和长春工程学院李丽编写；第三章系统安全分析，由吉林建筑大学刘辉编写；第四章系统安全评价，由吉林建筑大学孙世梅和青岛理工大学马池香编写；第五章系统安全预测，由青岛理工大学马池香和浙江海洋大学于景晓编写；第六章系统安全决策，由吉林建筑大学闫伟和吉林建筑科技学院王冰编写。本书由战乃岩主审。

本书编写时参阅了许多文献和专著，主要参考文献列在书后，在此向参考文献作者们表示衷心的感谢。

由于编者水平有限，书中难免存在疏漏和不当之处，敬请读者提出宝贵意见。

目　　录

第一章　绪论 ……………………………………………………………… 1

　第一节　安全系统工程的发展简史 ………………………………………… 1

　　一、国外安全系统工程的发展 ……………………………………………… 1

　　二、我国安全系统工程的发展 ……………………………………………… 3

　第二节　安全系统工程基本概念 …………………………………………… 3

　　一、系统 ……………………………………………………………………… 3

　　二、系统工程 ………………………………………………………………… 4

　　三、安全系统工程 …………………………………………………………… 7

　第三节　安全系统工程的研究对象、内容和方法 ……………………… 8

　　一、安全系统工程的研究对象 ……………………………………………… 8

　　二、安全系统工程的研究内容 ……………………………………………… 9

　　三、安全系统工程的研究方法 ……………………………………………… 10

　　思考题 ………………………………………………………………………… 11

第二章　危险源辨识 ……………………………………………………… 12

　第一节　危险源及其分类 …………………………………………………… 12

　　一、危险源的定义 …………………………………………………………… 12

　　二、危险源的分类 …………………………………………………………… 13

　第二节　危险源辨识方法 …………………………………………………… 17

　　一、危险源辨识、风险评价和控制过程 ………………………………… 18

　　二、危险源的辨识方法 ……………………………………………………… 18

　　三、危险源辨识的过程与内容 …………………………………………… 22

　第三节　重大危险源 ………………………………………………………… 23

　　一、重大危险源的定义 ……………………………………………………… 23

　　二、重大危险源的由来 ……………………………………………………… 24

　　三、重大危险源的管理及相关法规和标准要求 ………………………… 25

　　思考题 ………………………………………………………………………… 25

第三章　系统安全分析 …………………………………………………… 26

　第一节　系统安全分析概述 ………………………………………………… 26

　　一、系统安全分析的主要内容和方法 …………………………………… 26

　　二、系统安全分析方法的选择 …………………………………………… 27

第二节　安全检查表 ································· 28

一、安全检查表的基本概念 ····················· 29

二、安全检查表的形式 ························· 29

三、安全检查表的类型 ························· 30

四、安全检查表的编制程序 ····················· 31

五、安全检查表应用实例 ······················ 31

六、安全检查表适用性分析 ····················· 34

第三节　预先危险性分析 ························· 36

一、预先危险性分析的基本概念 ·················· 36

二、预先危险性分析程序 ······················ 36

三、预先危险性分析应用实例 ···················· 38

四、预先危险性分析适用分析 ···················· 41

第四节　故障类型和影响分析 ······················ 42

一、故障类型和影响分析的基本概念 ················ 43

二、故障类型和影响分析程序 ···················· 48

三、故障类型和影响分析应用实例 ················· 49

四、致命度分析 ···························· 52

五、故障类型和影响分析的适用性分析 ··············· 54

第五节　危险性和可操作性研究 ····················· 55

一、危险性和可操作性研究基本概念和术语 ············· 55

二、危险性和可操作性研究分析步骤 ················ 58

三、危险性和可操作性研究工作表 ················· 60

四、危险性和可操作性研究应用实例 ················ 60

五、危险性和可操作性研究适用性分析 ··············· 61

第六节　作业危害分析 ·························· 65

一、作业危害分析基本概念 ····················· 66

二、作业危害分析程序 ························· 66

三、作业危害分析表 ························· 68

四、作业危害分析应用实例 ····················· 69

五、作业危害分析适用性分析 ···················· 72

第七节　事件树分析 ··························· 73

一、事件树分析基本概念 ······················ 73

二、事件树分析的基本原理 ····················· 73

三、事件树分析的步骤 ························· 73

四、事件树分析的定量分析 ····················· 74

五、事件树分析工作表 ························· 74

六、事件树分析应用实例 ······················ 75

七、事件树分析适用性分析 ····················· 77

第八节　事故树分析 ··························· 78

一、事故树的基本结构 ······ 78

二、事故树的符号及其意义 ······ 79

三、事故树分析步骤 ······ 81

四、事故树的编制 ······ 82

五、事故树的数学描述 ······ 84

六、事故树的定性分析 ······ 85

七、事故树的定量分析 ······ 96

八、事故树分析适用性分析 ······ 105

思考题 ······ 106

第四章 系统安全评价 ······ 108

第一节 概述 ······ 108

一、安全评价目的和作用 ······ 108

二、安全评价分类 ······ 109

第二节 安全评价的内容和程序 ······ 109

一、安全评价的内容 ······ 109

二、安全评价的程序 ······ 110

第三节 安全评价的原理和原则 ······ 111

一、安全评价原理 ······ 111

二、安全评价的原则 ······ 113

三、安全评价的限制因素 ······ 115

第四节 安全评价方法分类和选用 ······ 115

一、安全评价方法的分类 ······ 115

二、安全评价方法的选用 ······ 116

三、安全评价方法 ······ 118

思考题 ······ 124

第五章 系统安全预测 ······ 125

第一节 安全预测的种类和基本原理 ······ 125

一、安全预测的分类 ······ 125

二、安全预测的基本原理 ······ 125

第二节 安全预测的本质和建模 ······ 126

一、系统安全的可预测性 ······ 126

二、系统安全预测的时间特性 ······ 126

三、系统安全预测的有效特性 ······ 127

四、预测的建模过程 ······ 127

第三节 安全预测方法 ······ 128

一、回归分析法 ······ 128

二、灰色预测法 ······ 131

三、马尔科夫链预测法 ·· 134

　　思考题 ·· 136

第六章　系统安全决策 ·· 137

第一节　决策概述 ·· 137

一、决策的概念 ·· 137

二、决策的种类 ·· 137

三、决策的特征 ·· 138

四、科学决策 ·· 138

五、决策的原则 ·· 138

六、决策的程序 ·· 139

第二节　系统安全决策概述 ·· 140

一、系统安全决策的制订方法 ·· 140

二、系统安全决策解决问题的步骤 ··································· 142

三、系统安全决策程序 ·· 145

第三节　系统安全决策的方法 ······································ 145

一、ABC 分析法 ·· 146

二、智力激励法 ·· 147

三、评分法 ·· 147

四、重要度系统评分法 ·· 150

五、决策树法 ·· 152

六、技术经济评价法 ·· 153

七、稀少事件评价法 ·· 155

八、模糊综合决策（评价）法 ·· 157

第四节　危险控制的基本原则 ······································ 162

一、危险控制的目的 ·· 163

二、危险控制技术 ·· 163

三、危险控制的原则 ·· 163

第五节　安全对策措施 ·· 164

一、安全对策措施的基本要求及应遵循的原则 ·················· 164

二、安全技术对策措施 ·· 166

三、安全管理对策措施 ·· 166

　　思考题 ·· 166

参考文献 ··· 167

第一章　绪　论

安全系统工程是 20 世纪 60 年代以系统工程的方法研究、解决生产过程中的安全问题，预防伤亡事故和经济损失而产生的一门崭新学科，是随着生产的发展而发展起来的。它以生产过程中的人、机、环境系统为研究对象，以消除和控制系统中的危险因素为目的，把要研究的安全问题，经分析、推理、判断，建立某种安全系统模型，进而用系统工程的方法和理论进行分析预测、评价，并采取防范措施消除或控制系统中的不安全因素，杜绝系统事故的发生或使事故发生减少到最低限度，使系统达到最佳的安全状态。它在保证安全生产方面显示了巨大的效果。

人类社会发展经历了不同的社会阶段，与此同时伴随着各种各样的自然灾害、生产事故，在此过程中人类在采取各种安全措施来解决生产中各种事故的同时，还要研究生产过程中各种事故之间的内在联系和变化规律。通过实践，人们总结出两种阻止或减少事故的办法：

一种是传统安全工作方法，即事故发生后吸取教训，进行预防的方法，也叫做"问题出发型"方法。主要是从事故后果查找原因，采取措施防止事故重复发生。通常指的是采取各种组织和技术措施，如设立专职机构，制定法规标准，进行监督检查和宣传教育，以及防尘防毒，防火防爆，使用安全防护设备、个人防护用具等。

另一种是安全系统工程方法，即用系统工程控制事故的方法，也叫做"问题发现型"方法。这种方法是从系统内部出发，研究各构成部分存在的安全联系，检查可能发生事故的危险性及其发生途径，通过重新设计或变更操作来减少或消除危险性，把发生事故的可能降低到最小限度。

传统安全工作方法作为阻止事故发生的安全哲学、安全方法具有滞后性，而安全系统工程方法是研究如何针对系统的生命周期采取有计划、有规律且系统的方法进行危险识别、危险分析和危险控制，从而达到阻止或减少事故的一门学科。

第一节　安全系统工程的发展简史

一、国外安全系统工程的发展

（一）军事系统的安全系统工程

安全系统工程产生于 20 世纪 50 年代末 60 年代初美、英等工业发达国家。1957 年苏联发射了第一颗人造地球卫星之后，美国为了赶上空间优势，匆忙地进行导弹技术开发，实行所谓研究、设计、施工齐头并进的方法，由于对系统的可靠性和安全性研究不足，在一年半的时间内连续发生了四次重大事故，每一次都造成了数以百万美元计的损失，最后不得不全部报废，从头做起。从而迫使美国空军以系统工程的基本原理和管理方法来研究导弹系统的安全性、可靠性，于 1962 年第一次提出了"弹道导弹系统安全工程"，制定了《武器系统安全标准》；1963 年提出了《系统安全程序》；到 1967 年 7 月由美国国防部确认，将该标准定为美军标准，之后又经两次修订，成为现在的《系统安全程序要求》MIL-STD-882 B。它以标准的形式规范了美国军事系统工程项目在招标以及研发过程中对安全性的要求和管理程序、管理方法、管理目标，首次奠定了安全系统工程的概念，以及设计、分析、综合等基本原则。这就是由事故引发的军事系统的安全系统工程。

（二）核工业的安全系统工程

英国在核安全方面的研究开始比较早，从 20 世纪 60 年代中期开始收集有关核电站故障的数据，对系统的安全性和可靠性问题，采用了概率评价方法，建成了系统可靠性服务所和可靠性数据库，成功开发了概率风险评价（PRA）技术，从而以概率来计算核电站系统风险大小以及是否可以接受。1974 年，美国原子能委员会发表了拉斯姆逊教授的《商用核电站风险评价报告》（WASH-1400）。报告收集了核电站各个部位历年发生的故障及其概率，采用了事件树和事故树的分析方法，作出了核电站的安全性评价。这个报告发表后，引起了世界各国同行的关注，从而成功地开发应用了系统安全分析和系统安全评价技术。该报告的科学性和对事故预测的准确性得到了"三哩岛事件"（核电站堆芯熔化造成放射性物质泄漏事故）的证实。

（三）化工系统的安全系统工程

1964 年，美国道（DOW）化学公司发表了化工厂"火灾爆炸指数评价法"，俗称道氏法，该法用于对化工生产装置进行安全评价，该方法历经 6 次修订，到 1993 年已发展到了第 7 版，并出版了教科书。该方法是根据化学物质的理化特性确定的物质系数为基础，综合考虑一般工艺过程和特殊工艺过程的危险特性，计算系统火灾爆炸指数，评价系统损失大小，并据此考虑安全措施，修正系统风险指数。1974 年，英国帝国化学公司（ICI）在道化学公司评价方法的基础上，引进了毒性概念，并发展了某些补偿系数，提出了"蒙德（Mond）火灾、爆炸、毒性指标评价法"。1976 年，日本劳动省发表"化工企业安全评价指南"，亦称"化工企业六步骤安全评价法"，该评价方法是以分析与评价，定性评价与定量评价相结合的一种对化工系统的全过程进行综合分析和评价的方法。它不仅规定了评价方法、评价技术，也规定了系统生命周期每个阶段用哪种评价方法，如何进行评价等。

（四）民用工业的安全系统工程

20 世纪 60 年代正是美国市场竞争日趋激烈的年代，许多民用产品在没有得到安全保障的情况下就投放市场，造成许多使用过程中的事故，用户纷纷要求厂方赔偿损失，甚至要求追究厂商的刑事责任，迫使厂方在开发新产品的同时寻求提高产品安全性的新方法、新途径。这期间，在电子、航空、铁路、汽车、冶金等行业开发了许多系统安全分析方法和评价方法。

当前，安全系统工程已普遍引起了各国的重视，国际安全系统工程学会每两年举办一次年会，1983 年在美国休斯敦召开的第六次会议，参加国有四十多个，从讨论议题涉及面的广泛可以看出这门学科越来越引起了人们的兴趣。

二、我国安全系统工程的发展

在我国,安全系统工程的研究、开发是从 20 世纪 70 年代末开始的。天津东方化工厂应用安全系统工程成功地解决了高度危险企业的安全生产问题,为我国各个领域学习、应用安全系统工程起了带头作用。其后是各类企业借鉴引用国外的系统安全分析方法,对现有系统进行分析。到 20 世纪 80 年代中后期,人们研究的注意力逐渐转移到系统安全评价的理论和方法,开发了多种系统安全评价方法,特别是企业安全评价方法,重点解决了对企业危险程度的评价和企业安全管理水平的评价。

20 世纪 80 年代以前,我国对安全工作虽然给予了高度的重视,每年也花费了大量的资金,但往往是采取问题出发型的办法,也就是说发生事故以后才去找原因和防治措施,这很难从根本上解决问题。

自从钱学森教授提出了"系统工程是组织管理的科学"这一著名论断之后,我国安全研究和管理人员深感必须采用系统工程的方法,才能真正改变企业安全工作的被动局面。也就是说,必须采用问题发现型,事先用系统工程方法,找出系统中的所有危险性,加以辨识、分析和评价,从而找出解决问题的措施,防患于未然。1982 年,我国首次组织了安全系统工程讨论会,由研究单位、大专院校和重要企业等方面的同志参加。会上研究了在我国发展安全系统工程的方向,并组织分工进行预先危险性分析(PHA)、故障类型和影响分析(FMEA)、事件树分析(ETA)和事故树分析(FTA)等分析方法的研究,同时开展了安全检查表的推广应用工作。1987 年,原机械电子部首先提出了在机械行业内开展机械工厂安全评价,1988 年颁布了第一个部颁安全评价标准《机械工厂安全性评价标准》。1991 年,完成了国家"八五"科技攻关项目"易燃、易爆、有毒重大危险源辨识、评价技术",使我国工业安全评价方法的研究初步从定性评价进入定量评价阶段。1996 年,颁布了《建设项目(工程)劳动安全卫生预评价导则》。2007 年,国家安全生产监督管理总局发布了《安全评价通则》AQ 8001—2007、《安全验收评价导则》AQ 8002—2007、《安全预评价导则》AQ 8003—2007,规范了安全评价工作,提高了企业安全管理水平。近年来,特别是 2014 年 12 月 1 日实施新《安全生产法》以来,推进安全生产标准化建设更使安全工作向更广、更深的方向发展。

第二节　安全系统工程基本概念

一、系统

(一)系统的定义

由相互作用和相互依赖的若干组成部分结合成的具有特定功能的有机整体称为系统,而且这个系统本身又是它所从属的一个更大系统的组成部分。任何一个系统都应该符合以下条件:

(1)元素。系统必须由两个以上的元素所组成。

(2)元素间的联系。系统的各元素间互有联系和作用。

（3）边界条件。系统元素受外界环境和条件的影响。

（4）输入、输出的动态平衡。系统元素有着共同的目的和特定的功能，为完成这些功能，系统必须保持输入、输出的动态平衡。

（二）系统的特点

一般来讲，系统具有目的性、整体性、集合性、相关性、环境适应性和动态性等特征。这里对系统的四个主要特点说明如下：

1. 整体性

系统是由至少两个和两个以上的要素（元件或子系统）所组成，它们构成了一个具有统一性的整体——系统。要素间不是简单的组合，而是组合后构成了一个具有特定功能的整体，换句话说，即使每个要素并不都很完善，但它们可以综合、统一成为具有良好功能的系统。反之，即使每个要素是良好的，但构成整体后并不具备某种良好的功能，也不能称之为完善的系统。

2. 相关性

系统内各要素之间是有机联系和相互作用的，要素之间具有相互依赖的特定关系。例如，对于柴油机燃料供应系统来说，包括燃料供给装置、燃料压送装置、燃料喷射装置、驱动装置、调速装置，它们之间通过特定的关系，有机地结合在一起，就形成了一个具有特定功能的柴油机燃料供应系统。

3. 目的性

所有系统都是为了实现一定的目标，没有目标就不能称之为系统。为了达到既定目的，赋予系统规定的功能，需要在系统的生命周期，即系统的规划、设计、制造和使用等阶段，对系统采取最优规划、最优设计、最优控制和最优管理等优化措施。

4. 环境适应性

任何一个系统都处于一定的物质环境之中，系统必须适应外部环境条件的变化，而且在研究系统的时候，必须重视环境对系统的作用。

二、系统工程

系统工程是系统思想在工程上的实践。所谓工程，是将自然科学原理应用到各系统中而形成的各学科的总称。系统工程是以系统为研究对象，以达到总体最佳效果为目标，为达到这一目标而采取组织、管理、技术等多方面的最新科学成就和知识的一门综合性的科学技术。

（一）解决安全问题所采用的方法

1. 工程逻辑。从工程的观点出发，用逻辑学与哲学的一般思维方法进行系统的探讨和应用，同时把符号逻辑作为重要内容，采用布尔代数、关系代数、决策研究、数学函数等。

2. 工程分析。运用基本理论（如物质不灭定律、能量守恒定律等），系统地、有步骤地解决各类工程问题。采取的步骤包括：弄清问题、选择解决问题的恰当方法、实施、分析、总结。在分析过程中需要正确地运用数学方法。

3. 统计理论与概率论。这是由系统工程的数学特点所决定的，即系统的输入量与输出量带有很大的随机性，并且，在复杂的系统工程中常常会遇到随机函数问题。因此，需要采用统计理论与概率论来处理系统工程中所遇到的数学问题。

4. 运筹学。指有目标地、定量地作出决策，在一定的制约条件下使系统达到最优化。目前，一般认为运筹学是系统工程最重要的技术内容与数学基础。运筹学的内容包括：线性规划、动态规划、排队论、决策论、优选法等。

(二) 现代管理学理论与原则

包括系统原理、人本原理、预防原理、强制原理。

1. 系统原理。现代管理对象都是一个系统，它包含若干分系统（子系统），同时又和外界的其他系统发生着横向的联系，为了达到现代化管理的优化目标，就必须运用系统理论、观点和方法，对管理进行充分的系统分析，以达到管理的优化目标，这就是管理的系统原理。系统原理包括以下四大原则：

（1）动态相关性原则。构成管理系统的各个要素是运动和发展的，而且是相互关联的，它们之间既相互联系又相互制约，就是动态相关性原则。对安全管理而言，系统管理要素处于动态之中，且相互影响和制约，才有发生事故的可能。掌握与安全有关的管理要素之间的动态相关性特征，是避免事故发生、实现有效安全管理的前提。

（2）整分合原则。对现代安全生管理对象应有全面的了解和谋划，在整体规划下应实行明确分工，在分工的基础上进行有效综合，建立内部横向联系或协作，使系统协调配合、综合平衡地运行。

（3）反馈原则。反馈是控制过程中对控制机构的反作用。成功、高效的管理，离不开灵敏、准确、迅速的反馈。

（4）封闭原则。指在任何一个安全管理系统内部，管理手段、管理过程等必须构成一个连续封闭的回路，才能形成有效的管理活动。按照系统原理的封闭原则，在企业安全管理体系内各种管理机构之间，各种管理制度、方法之间，必须具有紧密的联系，形成相互制约的回路，安全管理才能有效——闭环管理。

2. 人本原则。在管理活动中，把人的因素放在首位，体现以人为本的指导思想，就是人本原理。以人为本有两层含义：一是一切管理活动都是以人为本展开的，人既是管理的主体，又是管理的客体，每个人都处于一定的管理层面上，离开人就无所谓管理；二是管理活动中，作为管理对象的要素和管理系统的各个环节，都需要人掌握、运作、推动和实施。

（1）能级原则。现代管理认为，单位和个人都具有一定的能量，并且可按照能量的大小顺序排列，形成管理的能级，就像原子中电子的能级一样。在管理系统中，建立一套合理能级，根据单位和个人能量的大小安排其工作，发挥不同能级的能量，保证结构的稳定性和管理的有效性，这就是能级原则。

（2）动力原则。推动管理活动的基本力量是人，管理必须有能够激发人的工作能力的动力，这就是动力原则。对于管理系统，有3种动力，即物质动力、精神动力和信息动力。

（3）激励原则。管理中的激励就是利用某种外部诱因的刺激，调动人的积极性和创造性。以科学的手段，激发人的内在潜力，使其充分发挥积极性、主动性和创造性，这就是激励原则。人的工作动力来源于内在动力、外部压力和工作吸引力。

（4）行为原则。需要与动机是决定人的行为的基础，人类的行为规律是需要决定动机，动机产生行为，行为指向目标，目标完成需要得到满足，于是又产生新的需要、动机、行为，以实现新的目标。安全生产的工作重点是防止人的不安全行为。

（5）纪律原则。组织内部从上到下都应该制定并遵守共同认可的行为规范，违犯了纪律就应该得到相应的惩罚。

3. 预防原理。通过有效的管理和技术手段，减少和防止人的不安全行为和物的不安全状态，从而使事故发生的概率降到最低的基本规律。

（1）偶然损失原则。事故所产生的后果（人员伤亡、健康损害、物质损失等），以及后果的严重程度，都是随机的，是难以预测的。反复发生的同类事故，并不一定产生相同的后果。根据事故损失的偶然性，无论事故是否造成了损失，无论事故损失的大小，都必须做好预防工作。

（2）因果关系原则。因果，即原因和结果。因果关系就是事物之间存在着一事物是另一事物发生的原因这种关系。事故是许多因素互为因果连续发生的最终结果。一个因素是前一因素的结果，而又是后一因素的原因，环环相扣，导致事故的发生。事故的因果关系决定了事故发生的必然性，即事故因素及其因果关系的存在决定了事故迟早必然要发生。只要诱发事故的因素存在，发生事故是必然的。掌握事故的因果关系，消除事故因素，就能预防事故的发生。

（3）3E原则。造成人的不安全行为和物的不安全状态的主要原因可归结为四个方面：技术的原因、教育的原因、身体和态度的原因、管理的原因。针对这四个方面的原因，可以采取三种防止对策，即工程技术（Engineering）对策、教育（Education）对策和管理（Enforcement）对策。这三种对策就是所谓的3E原则。通过运用3E原则，可以有效预防事故的发生。

（4）本质安全化原则。即从一开始和从本质上实现了安全化，从根本上消除事故发生的可能性，从而达到预防事故发生的目的。本质安全化是预防原理在现代安全管理中的具体体现和根本应用，也是安全管理的最高境界。设备、设施或技术工艺含有内在的能够从根本上防止发生事故的功能，本质安全化的含义不仅局限于设备、设施的本质安全化，而应扩展到诸如新建工程项目、交通运输、新技术、新工艺、新材料的应用，甚至包括人们的日常生活等各个领域中。

4. 强制原理。采取强制管理的手段控制人的意愿和行动，使个人的活动、行为等受到安全管理要求的约束，从而实现有效安全管理的基本规律。

（1）安全第一原则。安全第一就是要求在进行生产和其他活动时，把安全工作放在一切工作的首要位置。当生产和其他工作与安全发生矛盾时，要以安全为主，生产和其他工作要服从安全。安全第一是安全生产管理的基本原则，也是安全生产方针的重要内容，贯彻安全第一原则，就是要把保证安全作为完成各项任务、做好各项工作的前提条件。

（2）监督原则。为促使各级生产管理部门严格执行安全法律、法规、标准和规章制度，保护职工的安全与健康，实现安全生产，必须授权专门的部门和人员行使监督、检查和惩罚的职责，以揭露安全工作中的问题，督促问题的解决，追究和惩戒违章失职行为，是强制原理的具体运用。

三、安全系统工程

所谓安全系统工程，是指采用系统工程方法，识别、分析、评价系统全寿命周期中的危险性，根据其结果调整工艺、设备、操作、管理、生产周期和投资等因素，使系统可能发生的事故得到控制，并使系统安全性达到最好的状态。

安全系统工程是为解决复杂系统的安全问题而开发、研究出来的安全理论、方法体系。强调从一个产品、一项工程最初的概念设计阶段开始，直至后续的设计阶段、生产阶段、测试使用，直至其报废、废弃各阶段，始终进行安全分析与危险控制的活动。

（一）系统的生命周期

任何一个系统都有其生命周期（Life Cycle），包括系统的设计、研发、测试和评估以及生产、操作维护直至报废的各个阶段。系统或产品生命周期划分的粗细程度不尽相同，通常情况下包括以下六个阶段，即：概念设计阶段、定义阶段、研发阶段、生产阶段、使用维护阶段和报废阶段。为了保证系统的安全，在各个阶段有着不同的控制要点。在实际工作中，针对系统生命周期的各个阶段采用安全评价来解决可能存在的安全问题，对于基本建设项目，其全寿命周期主要包括项目建议书阶段、可行性研究阶段、设计阶段、建设准备阶段、施工安装阶段、生产准备阶段、竣工验收阶段、项目运营与维护阶段和项目拆除阶段等。矿山、金属冶炼建设项目和用于生产、储存、装卸危险物品的建设项目，应当按照国家有关规定进行安全评价，在可行性研究阶段、竣工验收阶段和正常运行阶段分别进行安全预评价、安全验收评价和安全现状评价，建设项目的生命周期各阶段与安全评价的关系如图 1-1 所示。

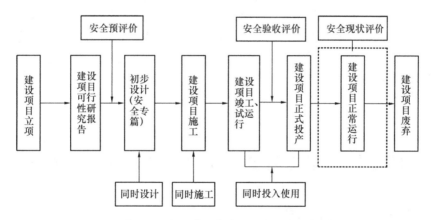

图 1-1　建设项目的生命周期各阶段与安全评价的关系

（二）安全系统工程的思想

利用安全系统工程解决安全问题的思想是安全生产的灵魂，是企业职工必须具备的最基本素质。该思想主要反映在以下三个方面：

1. 安全是相对的思想

首先要理解什么是安全。安全意味着可以容忍的风险程度，是一种相对主观的概念、安全是一种心理状态。没有任何一种事物是绝对安全的，任何事物中都潜伏着危险因素，通常所说的安全或危险只不过是一种主观的判断。通常用社会允许危险作为判别安全与危险的标准。那么社会允许危险具体体现为所制定的国家、行业安全标准。

经定量化的风险率或危害程度是否达到要求的（期盼的）安全程度，需要有一个界限、目标或标准进行比较，这个标准成为安全标准。

安全标准是受到当前的安全科学技术发展水平和经济等因素的制约和影响的，不可能根除一切危险源和危险。确定安全标准的方法有统计法和风险与收益比较法。对系统进行安全评价时，也可以对评价得到的危险指数进行统计分析，确定使用一定范围的安全标准。

安全是通过对系统的危险性和允许接受的限度相比较而确定，安全是主观认识对客观存在的反映，这一过程可用图 1-2 加以说明。

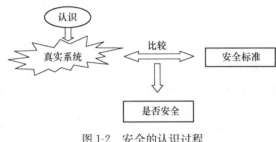

图 1-2　安全的认识过程

2. 安全伴随着系统生命周期的思想

系统的生命周期从系统的构思开始，经过可行性论证、设计、建造、试运转、运转、维修直至系统报废（完成一个生命周期），其各个环节都存在不同的安全的问题。要充分认识系统生命周期中安全的两个方面：本质化安全和工程化安全。本质化安全和工程化安全构成了系统生命周期安全的思想。

3. 系统中的危险源是事故根源的思想

危险源是可能导致事故的潜在的不安全因素。任何系统都不可避免地存在某些危险源，而这些危险源只有在触发事件的触发下才会产生事故。

第一类危险源、第二类危险源（见第二章）。一起伤亡事故的发生往往是两类危险源共同作用的结果。第一类危险源是伤亡事故发生的能量主体，决定事故后果的严重程度；第二类危险源是第一类危险源造成事故的必要条件，决定事故发生的可能性。

如何解决危险源问题？应从三个方面思考：1）识别危险源；2）危险源的评价分析；3）危险源的控制。

第三节　安全系统工程的研究对象、内容和方法

一、安全系统工程的研究对象

安全系统工程作为一门科学技术，有它本身的研究对象。任何一个生产系统都包括 3 个部分，即从事生产活动的操作人员和管理人员，生产必需的机器设备、厂房等物质条件以及生产活动所处的环境。这 3 个部分构成一个"人—机—环境"系统，每一部分就是该系统的一个子系统，分别称为人子系统、机器子系统和环境子系统。

（一）人子系统

该子系统的安全与否涉及人的生理和心理因素，以及规章制度、规程标准、管理手段、方法等是否适合人的特性，是否易于为人们所接受的问题。研究人子系统时，不仅把

人当做"生物人"、"经纪人",更要看做"社会人",必须从社会学、人类学、心理学、行为科学角度分析问题、解决问题;不仅把人子系统看作系统固定不变的组成部分,更要看到人是一种自尊自爱、有感情、有思想、有主观能动性的人。

(二) 机器子系统

对于该子系统,不仅要从工件的形状、大小、材料、强度、工艺、设备的可靠性等方面考虑其安全性,而且要考虑仪表、操作部件对人提出的要求,以及从人体测量学、生理学、心理与生理过程等有关参数对仪表和操作部件的设计提出要求。

(三) 环境子系统

对于该子系统,主要应考虑环境的理化因素和社会因素。理化因素主要有噪声、振动、粉尘、有毒气体、射线、光、温度、湿度、压力、化学等有害物质等;社会因素有管理制度、工时定额、班组结构、人际关系等。

3个子系统相互影响、相互作用的结果就使系统总体安全性处于某一种状态。例如,理化因素影响机器的寿命、精度,甚至损坏机器;机器产生的噪声、振动、温度、尘毒又影响人和环境;人的心理状态、生理状况往往是引起误操作的主观因素;环境的社会因素又会影响人的心理状态,给安全带来潜在危险。这就是说,这3个相互联系、相互制约、相互影响的子系统构成了一个"人—机—环境"系统的有机整体。分析、评价、控制"人—机—环境"系统的安全性,只有从3个子系统内部及3个子系统之间的这些关系出发,才能真正解决系统的安全问题。安全系统工程的研究对象就是这种"人—机—环境"系统(以下简称"系统")。

二、安全系统工程的研究内容

安全系统工程是专门研究如何用系统工程的原理和方法确保实现系统安全功能的科学技术。其主要研究内容有系统安全分析、系统安全评价和系统安全决策与控制。

(一) 系统安全分析

要提高系统的安全性,使其不发生或少发生事故,其前提条件就是预先发现系统可能存在的危险因素,全面掌握其基本特点,明确其对系统安全性影响的程度。只有这样,才有可能抓住系统可能存在的主要危险,采取有效的安全防护措施,改善系统的安全状况。这里所强调的"预先"是指:无论系统生命过程处于哪个阶段,都要在该阶段开始之前进行系统的安全分析,发现并掌握系统的危险因素。这就是系统安全分析要解决的问题。

系统安全分析是使用系统工程的原理和方法辨别、分析系统存在的危险因素,并根据实际需要对其进行定性、定量描述的一种技术方法。

根据文献介绍,系统安全分析有多种形式和方法,使用中应注意以下几点:

1. 根据系统的特点、分析的要求和目的,采取不同的分析方法。因为每种方法都有其自身的特点和局限性,并非处处通用。使用中有时要综合应用多种方法,以取长补短或相互比较,验证分析结果的正确性。

2. 使用现有分析方法不能死搬硬套,必要时要根据实用、好用的原则对其进行改造或简化。

3. 不能局限于分析方法的应用,而应从系统原理出发,开发新方法,开辟新途径,还要在以往行之有效的一般分析方法的基础上总结提高,形成系统性的安全分析方法。

（二）系统安全评价

系统安全评价往往要以系统安全分析为基础，通过分析和了解去掌握系统存在的危险因素。系统安全评价不一定要对所有危险因素采取措施，而是通过评价掌握系统的事故风险大小，以此与预定的系统安全指标相比较，如果超出指标，则应对系统的主要危险因素采取控制措施，使其降至该标准以下。

评价方法也有多种，评价方法的选择应考虑评价对象的特点、规模，评价的要求和目的，采用不同的方法。同时，在使用过程中也应和系统安全分析的使用要求一样，坚持实用和创新的原则。过去 20 年，我国在许多领域都进行了系统安全评价的实际应用和理论研究，开发了许多实用性很强的评价方法，特别是企业安全评价技术和重大危险源的评估、控制技术。

（三）系统安全决策与控制

任何一项系统安全分析技术或系统安全评价技术，如果没有一种强有力的控制技术和管理手段，也不会发挥其应有的作用。因此，在出现系统安全分析和系统安全评价技术的同时，也出现了系统安全决策与控制。其最大的特点是要求从系统的完整性、相关性、有序性出发，对系统实施全面、全过程的危险控制，以实现对系统的安全目标管理。

三、安全系统工程的研究方法

安全系统工程的研究方法是依据安全学理论，在总结过去经验型安全方法的基础上发展起来的，日渐丰富和成熟，概括起来可以归纳为以下几个方面：

（一）从系统整体出发的研究方法

安全系统工程的研究方法必须从系统的整体性观点出发，从系统的整体考虑，解决安全问题的方法、过程和要达到的目标。例如，对每个子系统安全性的要求，要与实现整个系统的安全功能和其他功能的要求相符合。在系统研究过程中，子系统和系统之间的矛盾以及子系统与子系统之间的矛盾，都要采用系统优化方法寻求各方面均可接受的满意解。同时要把安全系统工程的优化思路贯穿到系统的规划、设计、研制和使用等各个阶段中。

（二）本质安全方法

这是安全技术追求的目标，也是安全系统工程方法中的核心。由于安全系统工程把安全问题中的"人—机—环境"统一为一个"系统"来考虑，因此，不管是从研究内容来考虑还是从系统目标来考虑，核心问题就是本质安全化，就是研究实现系统本质安全的方法和途径。

（三）人—机匹配法

在影响系统安全的各种因素中，至关重要的是人—机匹配。产业部门研究与安全有关的人—机匹配称为安全人机工程；人类生存领域研究与安全有关的人—机匹配称为生态环境和人文环境问题。显然从安全的目标出发，考虑人—机匹配，以及采用人—机匹配的理论和方法是安全系统工程方法的重要支撑点。

（四）安全经济方法

由于安全的相对性原理，安全的投入与安全状况在一定经济、技术水平条件下有对应关系。也就是说，安全系统的"优化"同样受制于经济。但是由于安全经济的特殊性（安全性投入与生产性投入的渗透性、安全投入的超前性与安全效益的滞后性、安全效益评价指标的多目标性、安全经济投入与效用的有效性等）就要求安全系统工程方法，在考虑系统目标时，要有超前的意识和方法，要有指标（目标）的多元化的表示方法和测算方法。

(五) 系统安全管理方法

安全系统工程从学科的角度讲是技术与管理相交叉的学科，从系统科学原理的角度讲它是解决安全问题的一种科学方法。所以，安全系统工程是理论与实践紧密结合的专业技术基础，系统安全管理方法则贯穿到安全的规划、设计、检查与控制的全过程。系统安全管理方法是安全系统工程方法的重要组成部分。

思 考 题

1. 什么是系统、系统工程、安全系统工程？
2. 现代管理学理论与原则有哪些？
3. 何谓安全标准？为什么不是以事故为零作为安全标准？
4. 安全系统工程的研究对象和研究内容是什么？
5. 安全系统工程研究方法包括哪些？

第二章 危险源辨识

危险源是系统安全理论的基础和核心，是安全学科的基本名词之一。危险源一词，英文为 Hazard（a source of danger），即危险的根源。从字面上理解，如果没有危险源就不可能发生事故，所以系统安全认为，危险源是事故发生的先决条件。然而，目前国内外对危险源的定义并未统一，国内被广泛接受的是《职业健康安全管理体系要求》GB/T 28001 中的定义："可能导致伤害或疾病、财产损失、工作环境破坏或这些情况组合的根源或状态"。

危险源辨识是指针对产品或系统，在其生命周期各阶段采用适当的方法，识别其可能导致人员伤亡或职业病、设备损坏、社会财富损失或工作环境破坏的潜在条件。危险源辨识是对产品、系统以及生产项目的危险源进行辨识；而每一个新产品、新项目、新系统都有其生命周期，因而危险源辨识的过程贯穿了它们从概念设计到使用直至报废的各个阶段。不同的阶段，不同的产品或系统，其生产特点、工艺流程各不相同，产生的危险的类型各不相同，因而危险源辨识过程中应采用适当的方法。

第一节 危险源及其分类

一、危险源的定义

除了 GB/T 28001 中对危险源的定义，结合对危险源外延的不同理解，对危险源的界定的还有以下几种。

1. Willie Hammer：可能导致人员伤亡或财产损失的条件。

2. 何学秋认为危险源是认识主体中产生和强化负效应的核心，是危险能量爆发点；田水承认为，危险源是（安全）认识对象中产生和强化负效应的核心，是危险物质、能量和灾变信息的爆发点。

3. 陈全认为，所有的事故致因因素都可被称之为危险源。

4. 张跃兵等认为，危险源是指一切可能导致事故发生的能量、能量载体或危险物质，而不具有能量的隐患不是危险源。

5. 樊运晓将 Hazard 译为危险，认为危险是导致事故的潜在条件，是事故的前兆，只有在一些触发事件刺激下，危险才可能演变为事故，危险有 3 个基本成分，即危险的因素（hazardous element，HE）、威胁目标（target /threat，T/T）和触发机理（initiating mechanism，IM）。危险的 3 个成分同时存在，危险才成立，故又可称它们为危险的 3 个属性。

而国外多数学者倾向于将生产作业场所中存在的包含可能意外释放能量导致伤害的能

量物质或能量载体的单元视作危险源。

除了危险源的说法，我国的安全生产法规及安全生产实践的长期积累过程中，又出现了"危险有害（危害）因素"、"不安全因素"、"（事故）隐患"等类似名词，这些概念是基于不同的角度和目的提出的，比如危险有害（危害）因素，是基于强调危险因素是导致人身伤亡的条件，而危害（有害）因素是强调导致人员职业病的条件。

除了危险源，还有重大危险源的概念。我国重大危险源是指工业活动中客观存在的危险物质（能量）达到或超过临界量的设备或设施，实际上，重大危险源基本等同于国际上定义的"重大危害设施"。

二、危险源的分类

危险源辨识的最终结果是要识别出产品、系统、项目各阶段存在的危险，要使危险源辨识能够系统、全面，则关键是能对危险的类型加以界定。然而我们目前面临的系统日益复杂，它们所属的行业也大相径庭，很难有一种危险分类法能绝对完整、全面地涵盖所有的危险。

（一）理论中的分类

在理论上，国内的学者基于事故致因因素在事故发生、发展过程中的作用，分别提出了两类危险源和三类危险源的理论。

在两类危险源的理论中，第一类危险源是直接引起人员伤亡、财物损坏和环境恶化的能量（包括动能、势能、热能、电能、化学能、电离能、核能等）、能量载体和有毒、有害危险物质，是事故发生的先决条件，决定事故的后果严重程度，实际工作中往往把产生能量的能量源或拥有能量的能量载体作为第一类危险源来处理；第二类危险源是导致第一类危险源失控，作用于人员、物质和环境的条件（包括人失误、元件故障、系统扰动等）。两类危险源相互依存，相辅相成，共同决定危险源的危险性，事故预防工作的重点是第二类危险源的控制问题。

在两类危险源的基础上，田水承又提出了三类危险源的理论。三类危险源分别是指：能量载体或危险物质，即第一类危险源；物的故障、物理性环境因素，个体人失误，即第二类危险源（侧重安全设施等物的故障、物理性环境因素）；组织因素——不符合安全的组织因素（组织程序、组织文化、规则、制度等），即第三类危险源，包含组织人（不同于个体人）不安全行为、失误等。第一类危险源是事故发生的（物质性）前提，影响事故发生后果的严重程度；第二类危险源是事故发生的触发条件；第三类危险源是事故发生的本质根源，是前两类，尤其是第二类危险源的深层原因，是事故发生的组织性前提。

（二）实践中的分类

在实践中，危险源的分类通常与危险有害（危害）因素辨识结合起来。一般有四种分类依据。首先，国际上常引用的《常用危险检查表》是危险分类的依据；其次，危险的最终结果是导致事故的发生，如果能识别出可能发生的事故，则可以通过事故类型来对危险类型加以划分，1986 年 5 月 31 日发布的《企业职工伤亡事故分类标准》GB 6441—1986 是危险类型划分的基础依据；再次，我国在 1993 年 7 月 1 日开始施行国家标准《生产过程危险和有害因素分类与代码》GB/T 13861—1992，这是危险类型划分的另一基础依据，该标准尽管是关于"危险和有害因素"的分类，但标准中并未对"危险和有害因素"加以区分；第四种依据就是原卫生部颁发的《职业危害因素分类目录》，从可能导致的职业病方面将危险进行了分类。

1. 按《常用危险检查表》进行分类

对照《常用危险检查表》有助于进行危险源辨识。表2-1是一个常用危险源检查表，表中一部分危险源是针对某种危险场景所特有的，还有些危险源是交错于多个子系统之间的普通因素所导致的。这类危险源在其他分类中也有所体现。当然，没有哪个检查表能包括所有的危险源，这个表可以被看作是危险源辨识的出发点。当你获得更多经验时，或许可以增加这个列表的内容并且保留下来作为将来的参考。

常用危险源检查表　　　　　　　　　　　表 2-1

危险源类别	危险源的具体表现	
加速度/减速 （Acceleration/Deceleration）	• 碰撞 • 疏忽的机械装置 • 晃动的液体	• 加速度/减速 • 物体坠落 • 碎片/抛射物
电的 （Electrical）	• 绝缘不好 • 电力中断 • 触电 • 电击、断路 • 静电释放 • 杂散电流/电火花	• 不正确的电压、电流、循环 • 感应或电容连接器 • 雷击 • 磁波 • 电气连接器不相配 • 极性
爆炸物 （Explosives）	• 碰撞/振动 • 闪电 • 粉末状形式存在的正常情况下非可燃性物料（灰尘、铝、镁等） • 自燃 • 焊接	• 灰尘爆炸 • 爆炸液体、气体或蒸汽 • 摩擦 • 高温/寒冷 • 温度水平 • 振动
污染/腐蚀 （Contamination/Corrosion）	• 氧化 • 有机物（真菌/细菌等） • 微粒 • 应力腐蚀	• 化学分解 • 化学置换/组合 • 电解腐蚀 • 氢脆性 • 潮湿
环境/天气 （Environmental/Weather）	• 雾 • 杂质污染 • 真菌/细菌 • 湿度 • 闪电 • 外部对内部环境	• 降落（雾、雨、雪、结冰、冻雨、冰雹） • 辐射 • 盐渍的 • 沙子/灰尘 • 温度极限（与变动） • 真空
火灾 （Fire）	• 化学变化（放热/吸热） • 可燃物质、易燃气体 • 存在于压力与点火源下的燃料与氧化剂	• 压力释放 • 高热源

危险源类别	危险源的具体表现	
人因素（Human Factor）	• 操作失败 • 粗心大意操作 • 操作时间太短暂/太长 • 过早/过晚操作	• 不按次序操作 • 操作失误 • 正确操作/错误控制
控制系统 （Control Systems）	• 不恰当的控制系统操作 • 不恰当的软件操作	• 干预控制系统 • 潜回路
生命周期 （Life Cycle）	• 稳定状态操作 • 压力操作 • 关闭（不期望的标准、紧急情况）	• 维修 • 启动
人机工程学 （Ergonomic）	• 疲劳 • 有缺陷的/不适当的控制/读数标签 • 有缺陷的操作台设计 • 强光 • 加热/通风与空气调节装置	• 难接近 • 不恰当的控制/读数分区 • 不恰当/不合适的照明 • 不恰当控制/读数位置
原料（Materials）	• 防护漆层不好 • 化合 • 可压缩/不可压缩流体 • 可燃物料 • 不相似的原料 • 放热/吸热反应	• 卤族与其他氧化剂 • 缺乏弹性 • 润滑油 • 不相融的原料或介质 • 聚合反应 • 溶剂余渣
机械的 （Mechanical）	• 破碎的表面 • 弹出零件/碎片 • 疲劳/周期应力 • 挠曲 • 摩擦面 • 滞后现象 • 提升	• 对不准 • 夹伤位置 • 旋转设备 • 锋利的边缘 • 稳定性/有倒下的可能性 • 扭矩（过大/过小） • 振动
生理的 （Physiological）	• 过敏源 • 窒息 • 气压极限 • 致癌源 • 疲劳 • 刺激物 • 提升重量	• 诱变物质 • 噪声 • 伤人的灰尘/气味 • 病原体 • 辐射 • 温度极限 • 振动
气动/水压/真空 （Pneumatic/Hydraulic Pressure/Vacuum）	• 回流/虹吸现象 • 吹制物体 • 爆炸 • 气穴现象 • 动压卸载 • 液压捶打 • 内破裂	• 不适当的压力/流量卸载 • 物料粗心大意泄漏 • 过压/没达到压力 • 管道/容器破裂 • 管子/软管突然移动 • 系统中的压力/流体卷入 • 快速压力改变

危险源类别	危险源的具体表现	
辐射（Radiation）	• 电离（阿尔法、贝塔、伽马、X 射线） • 非电离（红外线、激光、微波、紫外线）	• 热辐射
结构（Structural）	• 加速度（高/低） • 空气动力、声负荷 • 不好的焊接 • 物料的脆性/展延性 • 裂缝	• 疲劳/周期应力 • 负荷与非负荷承重途径 • 应力集中 • 振动/噪声
温度（Temperature）	• 改变结构属性 • 烧伤（热/冷） • 压缩加热 • 低温属性 • 提高可燃性 • 提高气体/液体压力 • 提高反应力	• 提高挥发性 • 冰冻 • 热源/散热片 • 热/冷表面 • 湿度/湿气 • 焦耳热冷却 • 日光效果

注：该表来源为 Nicholas J. Bahr, System Safety Engineering and Risk Assessment-A Practical Approach, Washington DC；Taylor & Francis。

2. 按《企业职工伤亡事故分类标准》GB 6441—86 进行分类

《企业职工伤亡事故分类标准》GB 6441—86 是一部劳动安全管理的基础标准，它适用于企业职工伤亡事故统计工作。标准中对事故的类别、伤害程度、事故的严重程度进行了分类，并确定了伤亡事故统计的计算方法。标准中在综合考虑导致事故的起因物、引起事故的诱导性原因、致害物和伤害方式等因素的情况下，将企业职工伤亡事故的类型共分为 20 种，具体如下。危险源类型的划分可借鉴该事故类别的划分法。

（1）物体打击；

（2）车辆伤害；

（3）机械伤害；

（4）起重伤害；

（5）触电；

（6）淹溺；

（7）灼烫；

（8）火灾；

（9）高处坠落；

（10）坍塌；

（11）冒顶片帮；

（12）透水；

（13）爆破；

（14）火药爆炸；

（15）瓦斯爆炸；

（16）锅炉爆炸；

（17）容器爆炸；

（18）其他爆炸；

（19）中毒和窒息；

（20）其他伤害。

基于事故分类的划分还可参照国际劳工组织（ILO）1998 年的伤害分类统计标准《Statistics of Occupational Injuries-Sixteenth International Conference of Labor Statistician》和 1992 年世界卫生组织（WHO）关于疾病和健康问题的分类统计《International Statistical Classification of Diseases and Related Health Problems》。

3. 按《生产过程危险和有害因素分类与代码》进行分类

《生产过程危险和有害因素分类与代码》规定了生产过程中各种主要危险和有害因素的分类和代码。该标准适用于各行业在规划、设计和组织生产时，对危险和有害因素的预测和预防、伤亡事故的统计分析和应用计算机管理，也适用于职业安全卫生信息的处理和交换。该标准的最早版本发布于 1992 年，在这个版本中，根据按导致伤亡事故和职业危害的直接原因，将生产过程危险和有害因素分为物理性危险和有害因素、化学性危险和有害因素、生物性危险和有害因素、生理心理性危险和有害因素、行为性危险和有害因素和其他危险和有害因素共 6 大类。2009 年，该标准进一步修订，将危险和有害因素共分为人的因素、物的因素、环境因素和管理因素四大类，具体的细类参见《生产过程危险和有害因素分类与代码》GB/T 13861—2009。

4. 按《职业危害因素分类目录》进行分类

原卫生部颁发的《职业病危害因素分类目录》，将危害因素分为粉尘类、放射性物质类（电离辐射）、化学物质类、物理因素（高温、高气压、低气压、局部振动）、生物因素、导致职业性皮肤病的危害因素、导致职业性眼病的危害因素、导致职业性耳鼻喉口腔疾病的危害因素、职业性肿瘤的职业病危害因素、其他职业病危害因素等十类。

至今，没有任何一种危险源分类能涵盖所有的危险源类型，以上四种关于危险源类型的划分仅作为危险源辨识时有序识别危险源而不致漏掉的一个依据，四种分类方法各有侧重，彼此间也有重复的现象，在危险源辨识时为保证识别的全面，通常以某一种分类方法作为辨识的主要依据，其他分类方法作为参考依据，结合实际使用才有可能确保各种危险源都能被辨识出来。

第二节　危险源辨识方法

危险源辨识（hazard identification）是发现、识别系统中危险源的工作。这是一项非常重要的工作，它是危险源控制的基础，只有辨识了危险源之后才能有的放矢地考虑如何采取措施控制危险源。

一、危险源辨识、风险评价和控制过程

在实践中，危险源辨识、风险评价和控制并不是截然分开的，而是一个统一的整体，危险源辨识与风险评价的基本步骤如图2-1所示。

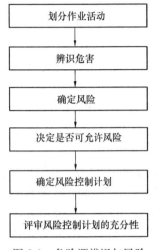

图2-1 危险源辨识与风险评价的基本步骤

二、危险源的辨识方法

在危险源辨识之前，先弄清三个问题，将有助于接下来的辨识工作。

1. 是否存在危险源？

2. 谁（什么）会受到伤害？

3. 伤害如何发生？

面向实践过程，危险源辨识就是找出可能引发事故导致不良后果的材料、系统、生产过程、设施或工厂的特征。危险源辨识有两个关键任务：第一，辨识可能发生的事故后果；第二，识别可能引发事故的材料、系统、生产过程、设施或工厂的特征。前者相对后者来说较容易，并由它确定后者的范围，所以辨识可能发生的事故后果是很重要的。

危险源辨识的方法很多，每种方法都有其目的性和适用范围。在辨识过程中，应结合具体情况采用两种或两种以上的方法。在生产实践过程中，通常从以下几个方面进行危险源辨识工作：（1）利用经验，（2）系统安全分析方法，（3）分析材料性质，（4）生产工艺和条件分析，（5）相互作用矩阵分析法。此外，还有（6）危害提示表，作为一种补充方法。除此之外，从建立职业健康安全管理体系的角度出发，危险源辨识方法除了系统安全分析方法，也采用一些现场做法。比如：（1）询问交谈，（2）现场观察，（3）查阅有关事故、职业病的记录，（4）获取外部信息，（5）工作任务分析等。

1. 询问交谈。通过询问对于某项工作具有丰富经验的人员或与其深入交谈，可初步分析出该工作中所存在的一、二类危险源。

2. 现场观察。由熟悉安全技术知识和职业健康安全法规标准的人员对作业环境进行现场观察，可发现作业现场存在的危险源。

3. 查阅有关事故、职业病的记录，从中发现存在的危险源。

4. 获取外部信息。从有关类似组织、文献资料、专家咨询等方面获取有关危险源的信息，加以分析研究，可辨识出存在的危险源。

5. 作业危害分析（JHA）。通过分析组织成员工作任务中所涉及的危害来识别出有关的危险源。

（一）对照经验法

经验法是辨识中常用的方法，其优点是简便、易行，其缺点是受辨识人员知识、经验和占有资料的限制，可能出现遗漏。以前，人们主要根据以往的事故经验进行危险源辨识工作。例如，美国的海因里希（W. H. Heinrich）建议通过与操作者交谈或到现场检查，查阅以往的事故记录等方式发现危险源。由于危险源是"潜在的"不安全因素，比较隐蔽，所以危险源辨识是一件非常困难的事情。在系统比较复杂的场合，危险源辨识工作更加困难，需要利用专门的方法，还需要许多知识和经验。进行危险源辨识所必需的知识和经验主要有：

1. 关于对象系统的详细知识，诸如系统的构造、系统的性能、系统的运行条件、系统中能量、物质和信息的流动情况等；

2. 与系统设计、运行、维护等有关的知识、经验和各种标准、规范、规程等；

3. 关于对象系统中的危险源及其危害方面的知识。

对于企业而言，要尽可能地利用企业自己的经验来完善危险源辨识工作，因为发生过问题就表明存在危险源。但危险源辨识仅基于企业（甚至行业）的经验决不会取得满意的结果，有许多危险源都会被忽视。好的安全生产经验只能表明危险源已得到适当控制，并不表明危险源不存在。仅仅因为某种情况没有发生过就认为它不会发生，是一种不正确的认识。

适当地利用经验，有助于建立用于危险源识别活动的生产知识基础。通常，分析人员总是把一些基本的化学知识作为识别的出发点。实验室的实验结果能揭示某种化学物的基本物理性质、毒性和反应动力学特性。试生产过程能了解没有预料的反应副产品，表明生产条件要加以改变以达到最佳的效果。甚至拆除某个生产装置也能增加重要的生产经验（对生产有更深的了解），因为这可揭示在正常操作或装置关闭时系统中不明显或不了解的状况。

如果企业的经验已经文件化，可像其他的资料一样用于危险源辨识。如果这些经验没有记录，则需要成立由具有一定知识与经验的人员组成的小组参加危险源辨识活动。如果在该小组开展活动之前已开展了其他的危险源辨识活动，则效果会更好。然后该小组能简单地确定他们的经验是否匹配、是否相矛盾，或是否没有表达从其他途径收集到的信息，是否能指出在现有系统中观察到的另外的危险源。即使该小组的成员对所分析的系统没有特别的经验，但他们对表示类似危险源的相似材料（工艺）具有使用经验。

文件化的经验辨识法始于20世纪60年代以后，国外开始根据标准、规范、规程和安全检查表辨识危险源。例如，美国职业安全卫生局（OSHA）等安全机构编制、发行了各种安全检查表，用于危险源辨识。我国一些行业的安全检查表、事故隐患检查表也可作为危险源辨识的借鉴。表2-2是基于事故能量所列的一个危险检查表。

典型能量源 表2-2

• 声音与其他噪声的产生源	• 电磁装置（无线电频率发生源）	• 旋转机械
• 传动装置	• 病源（病毒、细菌、真菌）	• 弹簧承载装置
• 锅炉与其他加热压力系统	• 爆炸电荷与装置	• 加热装置
• 抛射物体	• 外部来源（如地震、洪水、山体滑坡与天气状况）	• 非电离辐射源（激光、紫外线、红外线等）
• 带电电容器	• 摩擦装置	• 物料处理装置
• 化学反应源	• 可燃物料	• 物料混合装置
• 燃烧系统	• 燃料与推进物	• 磁性装置与来源
• 压缩装置	• 流体装置	• 核系统
• 冷却装置	• 气体发生器	• 蓄电池

• 低温与制冷系统和储存容器	• 危险物料输送系统	• 悬吊系统
• 排水系统	• 压力容器、系统与装置	• 伸张系统
• 发电机与输电系统	• 泵、鼓风机、风扇	• 真空系统与装置
• 坠落物体	• 静电放电	• 振动装置

来源：Nicholas J. Bahr. System Safety Engineering and Risk Assessment-A Practical Approach，Washington DC：Taylor Francis

直接经验法的另一种方式是类比，利用相同或相似系统或作业条件的经验和职业安全健康的统计资料来类推、分析以辨识危险源。对照经验法是对照有关标准、法规、检查表或依靠分析人员的观察分析能力，借助于经验和判断能力直观地辨识危险源的方法。有关的标准、规范、规程，以及常用的安全检查表，都是在大量实践经验的基础上编制而成的。因此，对照法也是一种基于经验的方法，适用于有以往经验可供借鉴的情况。对照法的最大缺点是，在没有可供参考先例的新开发系统的场合不适用。一般来说，对照法很少单独使用。为弥补个人判断的局限性，常采取专家会议的方式来相互启发、交换意见、集思广益，使危险、危害因素的辨识更加细致、具体。

随着现代科技的发展和安全科学的进步，生产安全事故数据越来越少，因而大量的未遂事件（near-miss）数据也可加以分析，以识别危险源所在。

（二）系统安全分析法

许多安全评价和分析方法既可评价风险，也可以识别风险（即辨识危险源）。系统安全分析法是应用系统安全的分析方法识别系统中的危险源所在。系统安全分析方法经常被用来辨识可能带来严重事故后果的危险源，也可用于辨识没有事故经验的系统的危险源。例如，拉斯马森教授在没有核电站事故先例的情况下预测了核电站事故，辨识了危险源，并被以后发生的核电站事故所证实。系统越复杂，越需要利用系统安全分析方法来辨识危险源。

系统安全分析法是针对系统中某个特性或生命周期中某阶段具体特点而形成针对性较强的辨识方法，不同的系统、不同的行业、不同的工程甚至同一工程的不同阶段所应用的方法各不相同。目前系统安全分析法包括几十种之多，但常用的主要包括以下几种，本书第三章将逐一介绍。常用的系统安全分析方法包括：安全检查表、预先危险性分析、故障类型和影响分析、危险性和可操作性研究、作业危害分析、事件树和事故树等。

以使用最广泛的安全检查表分析为例来说明，安全检查表分析法提供一个需要回答的问题清单，如表2-3所示。虽然完成完整的安全检查表是一件冗长乏味的事情，但安全检查表分析很具吸引力，因为对于特定的企业或公司，检查表可通用，并保证分析的一致性。只要分析人员充分使用，安全检查表可成为危险源辨识非常有用的工具。

用于危险源辨识的检查表问题举例　　　　　　　　　　　　　　　表 2-3

序号	问题	
1	材料与水反应吗？	材料的闪点低于100℃吗？
2	哪种材料的泄漏是可监测的？	材料对振动敏感吗？
3	材料吸入后有毒吗？	生产工艺温度超过材料的自点火温度吗？

（三）分析材料性质

了解生产或使用的材料性质是危险源辨识的基础。初始的危险源辨识可以通过简单比较材料性质来进行。

比如对火灾，只要辨识出易燃和可燃材料，将它们分类为各种火灾危险源，然后进行详细的危险评价工作。

（四）生产工艺和条件分析

生产工艺和条件也会产生危险或使生产过程中材料的危险性加剧。例如，水仅就其性质来说没有爆炸危险，然而，如果生产工艺的温度和压力超过了水的沸点，那么水的存在就具有蒸汽爆炸的危险。因此，在危险源辨识时，仅考虑材料性质是不够的，还必须同时考虑生产条件。

分析生产工艺和条件可使有些危险材料免于进一步分析和评价。例如，某材料的闪点高于400℃，而生产是在室温和常压下进行的，那就可排除这种材料引发重大火灾的可能性。当然，在危险源辨识时既要考虑正常生产过程，也要考虑生产不正常的情况。

以石化、化工工艺或设备的危险性为例，危险源辨识时需要注意以下方面。

1. 生产或加工有机或无机化学物品，特别是用于此目的的设备，比如：

（1）烷基取代、烷（烃）化、烯烃并化作用；

（2）氨解产生的胺化、氨基化；

（3）羰基化；

（4）冷凝、缩合、凝聚；

（5）脱氢；

（6）酯化；

（7）卤化和卤素制造；

（8）氢化、加氢；

（9）水解；

（10）氧化；

（11）聚合；

（12）磺化；

（13）脱硫和含硫复合物的制造、运输；

（14）硝化和氮复合物的制造；

（15）磷的化合物的制造；

（16）农药制药的正规生产。

2. 有机和无机化学物质加工或用于特别目的的设备，如：

（1）蒸馏；

（2）萃取；

（3）溶剂化，媒合；

（4）混合；

（5）干燥。

3. 石油或石油产品的蒸馏、精炼或加工的设备。

4. 焚化或化学分解全部或部分处理固体或液体物质的设备。

5. 生产或加工能源气体的设备，例如 LPG、LNG、SNL。

6. 煤或褐煤的干馏设备。

7. 金属或非金属生产设备（用湿法过程或用电能）。

8. 危险物质的贮存设备。

（五）相互作用矩阵分析法

相互作用矩阵是一种结构性的危险源辨识方法，是辨识各种因素（包括材料、生产条件、能量源等）之间相互影响或反应的简便工具。实际使用时，这种方法通常限制为两个因素，分析时也可加入第三个因素。如果多种因素相互作用很重要，且有能力详细分析，则可建二维矩阵来分析。篇幅所限，此处不再详细介绍。

（六）危害提示表

危害提示表是一种补充方法，通过业务活动期间对可能危险源的事先考察来实现，通常可以考虑以下危险源：

1. 在平地上滑倒/跌倒；

2. 人员从高处坠落；

3. 工具、材料等从高处坠落；

4. 头上空间不足；

5. 与手工提升/搬运工具、材料等有关的危害；

6. 与装配、试车、运行、维护、改型、检修和拆卸有关的机械、设备的危害；

7. 车辆危害，包括场地运输和公路运输；

8. 火灾与爆炸；

9. 对员工的暴力行为；

10. 可吸入的化学物质；

11. 可能伤害眼睛的物质或试剂；

12. 通过皮肤接触和吸收而造成伤害的物质；

13. 由于摄入引起伤害的物质（如通过口腔进入人体）；

14. 有害能量（如：电、辐射、噪声、振动）；

15. 由于经常性的重复动作造成的与工作相关的上肢损伤；

16. 不良的热环境，如过热；

17. 照明度；

18. 场地/地面易滑和不平；

19. 楼梯护栏或手栏不足；

20. 承包人的活动。

上面所列并不全面，企业必须根据其业务活动的性质和工作场地的特点编制出自己的危害提示表。

三、危险源辨识的过程与内容

为了有序、方便地进行危险源辨识，防止遗漏，在实践中，通常按厂址、平面布局、建（构）筑物、物质、生产工艺及设备、辅助生产设施（包括公用工程）、作业环境危险方面进行辨识（见表2-4）。

序号	辨识过程	辨识内容
1	厂址及环境条件	地质、地形、自然灾害、周围环境、气象条件、资源交通、抢险救灾、消防支持等
2	厂区平面布局	总图、运输
3	建（构）筑物	防火、防爆、结构、朝向、采光、通道、生产卫生设施等
4	生产工艺过程	物料、温度、压力、速度、作业及控制条件、事故及失控状态
5	生产设备、装置	化工设备、装置，机械设备、电气设备、危险性较大设备、高处作业设备、特殊单体设备、装置（锅炉房、乙炔站、石油库、危险品库等）
6	有害因素	粉尘、毒物、噪声、振动、辐射、高温、低温等有害作业部位
7	辅助设施	管理设施、事故应急抢救设施和辅助生产、生活卫生设施
8	管理因素	工时制度、劳动组织、生理、心理因素、人机工程学因素等

就平面布局和生产设备、装置方面做进一步说明。平面布局包括平面布置图和运输线路及码头两部分。前者在辨识过程中要考虑功能分区（生产、管理、辅助生产、生活区）布置以及高温、有害物质、噪声、辐射、易燃、易爆、危险品设施布置；工艺流程布置；建筑物、构筑物布置；风向、安全距离、卫生防护距离等方面。后者辨识中则需特别注意厂区道路、厂区铁路、危险品装卸区、厂区码头在运输、装卸、消防、疏散、人流、物流、平面交叉运输等方面存在的危险。

生产设备、装置方面的危险源辨识与生产系统相关性很大，化工设备、装置要识别高温、低温、腐蚀、高压、振动、关键部位的备用设备、控制、操作、检修和故障、失误时的紧急情况；机械设备辨识中应注意运动零部件和工件、操作条件、检修作业、误运转和误操作；电气设备应辨识断电、触电、火灾、爆炸、误运转和误操作，静电、雷电等危险类型等。

需要特别指出的是，危险源不仅仅包括肉眼可见的物理危险源，更包含大量人因的危险源，也就是行为和心理危险源，而这些"看不见"的危险源很容易被忽略，因而更应该成为管理的重点。

第三节 重 大 危 险 源

一、重大危险源的定义

《危险化学品重大危险源辨识》GB 18218—2009 中定义为：长期地或临时地生产、加工、使用或储存危险化学品，且危险化学品的数量等于或超过临界量的单元。《安全生产法》中定义为：长期地或者临时地生产、搬运、使用或者储存危险物品，且危险物品的数量等于或者超过临界量的单元（包括场所和设施）。有了上述危险源的概念，也可以将重大危险源（major hazards）理解为超过一定量的危险源。

另外，从重大危险源另一英文定义"major hazard installations"的含义来看，这直接引用了国外"重大危险设施"的概念。

确定重大危险源的核心因素是危险物品的数量是否等于或者超过临界量。所谓临界量，是指对某种或某类危险物品规定的数量，若单元中的危险物品数量等于或者超过该数量，则该单元应定为重大危险源。具体危险物质的临界量，由危险物品的性质决定。

GB 18218—2000 中的重大危险源分为生产场所重大危险源和贮存区重大危险源两种，相同物质在生产场所和储存场所的规定临界量是不同的，而该标准的 2009 年版中则不再区分，而是统一规定。

二、重大危险源的由来

20 世纪 70 年代以来，频频发生的重大工业事故已严重影响了各国的社会、经济和技术的发展，生产安全问题已引起了国际社会的广泛关注。相继出现了"重大危险（major hazard）"、"重大危险设施（国内称重大危险源，major hazard installations）"的概念。1974 年 6 月英国弗立克堡（Flixborough）爆炸事故发生后，英国健康与安全委员会设立了重大危险源咨询委员会（Advisory Committee on Major Hazards，ACMH），专门负责重大危险源的辨识、评价和控制，成为世界上最早系统地研究重大危险源控制技术的国家。随后，英国健康与安全监察局（HSE）专门设立了重大危险管理处。1976 年意大利北部城市塞韦索（Seveso）发生了化工厂环己烷泄漏的事故，造成 30 多人受伤，22 万人紧急疏散，工厂周围方圆 17km² 的土地受到污染，这些事故给欧洲乃至整个世界以很大的震动。ACMH 在 1976 年、1979 年和 1984 年分别向 HSE 提交了 3 份重大危险源控制技术研究报告，由于其极富成效的开创性工作，英国政府于 1982 年颁布了《关于报告处理危险物质设施的报告规程》，1984 年颁布了《重大工业事故控制规程》，ACM H 还促使原欧共体在 1982 年 6 月颁布了《工业活动中重大事故危险法令》，简称《塞韦索指令》（Seveso Directive），法令中列出了 180 种危险化学品物质，要求企业必须在确保安全的条件下才能生产。

为实施《塞韦索指令》，英国、法国、德国、意大利、比利时等原欧共体成员国都颁布了有关重大危险源控制规程，要求对工业的重大危险设施进行辨识、评价，提出相应的事故预防和应急计划措施，并向主管当局提交详细描述重大危险源状况的报告。

1984 年印度博帕尔事故发生后，国际劳工大会于 1985 年 6 月通过了关于危险物质应用和工业过程中事故预防措施的决定。同年 10 月国际劳工组织（ILO）组织召开了重大工业危险源控制方法三方讨论会。1988 年 10 月 ILO 出版了《重大危险源控制手册》，1991 年又出版了《预防重大工业事故的实施细则》，1992 年国际劳工大会第 79 届会议对预防重大工业事故的问题进行了讨论，1993 年通过了《预防重大工业事故公约》和建议书，公约定义"重大事故"为：在重大危险设施内的某项活动中出现意外的突发性的事故，如严重泄漏、火灾或爆炸，其中涉及一种或多种危险物质，并导致对工人、公众或环境造成即刻的或延期的严重危险。"重大危险设施"被定义为：不论长期或临时加工、生产、处理、搬运、使用或储存超过临界量的一种或多种危险物质，或多类危险物质设施（不包括核设施、军事设施以及设施现场外的非管道的运输）。该公约为建立各国重大危险源控制系统奠定了基础。

三、重大危险源的管理及相关法规和标准要求

为促进亚太地区的国家建立重大危险源控制系统，1991年ILO在曼谷召开了重大危险源控制区域性讨论会，一些亚太国家相继建立了国家重大危险源控制系统。我国在重大危险源辨识、评价和控制最重要的依据标准就是GB 18218，最初版本是2000年推出的《重大危险源辨识标准》GB 18218—2000，并于2009年进行了修订，以《危险化学品重大危险源辨识》GB 18218—2009发布，并替代GB 18218—2000。

GB 18218—2009与GB 18218—2000相比，主要变化包括：

1. 将标准名称改为《危险化学品重大危险源辨识》；
2. 将采矿业中涉及危险化学品的加工工艺和储存活动纳入了适用范围；
3. 不适用范围增加了海上石油天然气开采活动；
4. 对部分术语和定义进行了修订；
5. 对危险化学品的临界量进行了修订；
6. 取消了生产场所与储存区之间临界量的区别。

除了国家标准，相关法规中也对重大危险源及其要求进行了相应规定。

《危险化学品安全管理条例》第二十五条规定："储存危险化学品的单位应当建立危险化学品出入库核查、登记制度。对剧毒化学品以及储存数量构成重大危险源的其他危险化学品，储存单位应当将其储存数量、储存地点以及管理人员的情况，报所在地县级人民政府安全生产监督管理部门（在港区内储存的，报港口行政管理部门）和公安机关备案"。

《中华人民共和国安全生产法》第三十七条要求："生产经营单位对重大危险源应当登记建档，进行定期检测、评估、监控，并制定应急预案，告知从业人员和相关人员在紧急情况下应当采取的应急措施。生产经营单位应当按照国家有关规定将本单位重大危险源及有关安全措施、应急措施报有关地方人民政府安全生产监督管理部门和有关部门备案"。

《国务院关于进一步加强安全生产工作的决定》要求"搞好重大危险源的普查登记，加强国家、省（区、市）、市（地）、县（市）四级重大危险源监控工作，建立应急救援预案和生产安全预警机制"。

《危险化学品重大危险源监督管理暂行规定》经2011年7月22日国家安全生产监督管理总局局长办公会议审议通过，2011年8月5日国家安全生产监督管理总局令第40号发布，自2011年12月1日起施行。其中对重大危险源辨识、分级、备案、监控和应急管理等均作了详细规定。

思 考 题

1. 危险源类型如何划分？
2. 请阅读GB 6441—1986，GB/T 13861—2009，了解这两个国家标准对危险源类型是如何划分的。
3. 危险源辨识的方法包括哪些？试分析各自的特点。
4. 危险源辨识的过程是什么？
5. 请阅读GB 18218—2009，了解辨识危险化学品重大危险源的依据和方法。
6. 请查阅国家安全生产监督管理局和中国安全生产科学研究院关于重大危险源的相关要求。

第三章 系统安全分析

系统安全分析是安全系统工程的核心内容，也是安全评价的基础。通过系统安全分析，可以辨识出系统中的危险源，分析其存在的危险性，估计事故发生的可能性和事故后果的严重程度。依据危险源危险性的大小，按轻重缓急通过修改系统设计或改变控制系统运行程序为进行系统预防控制提供依据。

第一节 系统安全分析概述

一、系统安全分析的主要内容和方法

（一）系统安全分析的含义和主要内容

系统安全分析是从安全角度对系统中的危险源进行分析，主要分析导致系统故障或事故的各种因素及其相互关系，通常主要包括如下内容：

1. 对可能出现的初始的、诱发的及直接引起事故的各种危险源及其相互关系进行调查和分析。

2. 对与系统有关的环境条件、设备、人员及其他有关因素进行调查和分析。

3. 对能够利用适当的设备、规程、工艺或材料控制或根除某种特殊危险源的措施进行分析。

4. 对可能出现的危险源的控制措施及实施这些措施的最好方法进行调查和分析。

5. 对不能根除的危险源失去或减少控制可能出现的后果进行调查和分析。

6. 对危险源一旦失去控制，为防止伤害和损害的安全防护措施进行调查和分析。

（二）系统安全分析方法的种类

目前，系统安全分析方法有许多种，可适用于不同的系统安全分析过程。这些方法可以按实行分析过程的相对时间进行分类，也可按分析的对象、内容进行分类。

按数理方法，可分为定性分析和定量分析；定性分析是指对引起系统事故的影响因素进行非量化的分析，即只进行可能性的分析或作出事故能否发生的感性判断；定量分析是在定性分析的基础上，运用数学方法分析系统事故及影响因素之间的数量关系，对事故的危险性作出数量化的描述。部分方法既可用于定性分析，又可用于定量分析。

按逻辑方法，可分为归纳分析和演绎分析。归纳分析——从原因推论结果；演绎分析——从结果推论原因。这两种方法在系统安全分析中都有应用。从危险源辨识的角度，演绎分析是从事故或系统故障出发查找与该事故或系统故障有关的危险因素，与归纳分析相比较，可以把注意力集中在有限的范围内，提高工作效率；归纳分析是从故障或失误出发探讨可能导致的事故或系统故障，再来确定危险源，与演绎方法相比较，可以无遗漏地

考察、辨识系统中的所有危险源。实际工作中可以把两类方法结合起来，以充分发挥各类方法的优点。

系统安全分析过程中，在多种方法结合采用时，要注重方法之间的关联和内容上的联系。

（三）危险源辨识中常用的系统安全分析方法

1. 安全检查表法（Safety Checklist，SCL）；
2. 预先危险性分析（Preliminary Hazard Analysis，PHA）；
3. 故障类型和影响分析（Failure Model and Effects Analysis，FMEA）；
4. 危险性和可操作性研究（Hazard and Operability Analysis，HAZOP）；
5. 作业危害分析（Job Hazard Analysis，JHA）；
6. 事件树分析（Event Tree Analysis，ETA）；
7. 事故树分析（Fault Tree Analysis，FTA）。

二、系统安全分析方法的选择

系统寿命阶段主要包括开发研制、方案设计、样机、详细设计、建造投产、日常运行、改建扩建、事故调查和拆除等。在系统寿命不同阶段的危险因素辨识中，应该选择与之相适应的系统安全分析方法。例如，在系统的开发、设计初期，可以应用预先危险性分析方法；在系统运行阶段，可以应用危险性和可操作性研究、故障类型和影响分析等方法进行详细定性分析，或者应用事件树分析、事故树分析等方法对系统进行详细定量分析。系统寿命期间内各阶段适用的系统安全分析方法见表3-1。

系统安全分析方法适用情况　　　　　　　　表 3-1

分析方法	开发研制	方案设计	样机	详细设计	建造投产	日常运行	改建扩建	事故调查	拆除
安全检查表		✓	✓	✓	✓	✓	✓		✓
预先危险性分析	✓	✓	✓	✓			✓		
危险性和可操作性研究			✓	✓		✓	✓	✓	
故障类型和影响分析			✓	✓		✓	✓	✓	
作业危害分析						✓			
事故树分析			✓	✓		✓	✓	✓	
事件树分析			✓	✓		✓			

在满足阶段适用的基础上，还要应根据实际情况进行系统安全分析方法的选择。

（一）结合分析的目的和要求

系统安全分析方法的选择应该能够满足分析的目的和要求。系统安全分析的最终目的是辨识危险源，而在实际工作中要达到一些具体目的，例如：

1. 对系统中所有危险源，查明并列出清单；
2. 掌握危险源可能导致的事故，列出潜在事故隐患清单；
3. 列出降低危险性的措施和需要深入研究部位的清单；

4. 将所有危险源按危险大小排序；

5. 为定量的危险性评价提供数据。

在系统安全分析时，并不会所有的方法都能完全满足以上需求，应当根据需要确定分析方法。某些方法只能用于查明危险源，大多数方法可以用于列出潜在的事故隐患或确定降低危险性的措施，但能提供定量数据的方法很少。

（二）结合资料的情况

资料收集的多少、详细程度、内容的新旧等，都会对选择系统安全分析方法有着至关重要的影响。

一般来说，资料的获取与被分析的系统所处的阶段有直接关系。例如，在方案设计阶段，采用危险性和可操作性研究或故障类型和影响分析的方法就难以获取详细的资料。随着系统的发展，可获得的资料越来越多、越来越详细。为了能够正确分析，应该收集最新的、高质量的资料。

（三）结合系统的特点

针对被分析系统的复杂程度和规模、工艺类型、工艺过程中的操作类型等影响来选择系统安全分析方法。

对于复杂和规模大的系统，由于需要的工作量和时间较多，应先用较简洁的方法进行筛选，然后根据分析的详细程度选择相应的分析方法。

对于某些特定工艺过程或系统，应选择恰当的系统安全分析方法。例如，对于分析化工工艺过程可采用危险性和可操作性研究；对于分析机械、电气系统可采用故障类型和影响分析。因此，应该根据分析对象的类型，选择相应的分析方法。

对于不同类型的操作过程，若事故的发生是由单一故障（或失误）引起的，则可以选择危险性和可操作性研究；若事故的发生是由许多危险因素共同引起的，则可以选择事件树分析、事故树分析等方法。

（四）系统的危险性

当系统的危险性较高时，通常采用系统、严格、预测性的方法，如危险性和可操作性研究、故障类型和影响分析、事件树分析、事故树分析等方法。当危险性较低时，一般采用经验的、不太详细的分析方法，如安全检查表法等。

对危险性的认识，与系统无事故运行时间和严重事故发生次数，以及系统变化情况等有关。此外，还与分析者所掌握的知识和经验、完成期限、经费状况以及分析者和管理者的喜好等有关。

第二节　安　全　检　查　表

安全检查表（Safety Cheek List，SCL）是系统安全分析中最基本的、简便而行之有效的一种方法，是分析和辨识系统危险性的基本方法，也是进行系统安全性评价的重要技术手段。它不仅是安全检查和诊断的一种工具，也是发现潜在危险因素的一个有效手段和分析事故的一种方法。

一、安全检查表的基本概念

系统地对一个生产系统或设备进行科学的分析，从中找出各种不安全因素，事先对检查对象加以剖析，确定检查项目，预先以表格的形式拟定好用于查明其安全状况的"问题清单"，作为实施时的蓝本，这样的表格就称为安全检查表。

安全检查表实际上是一份进行安全检查和诊断的清单。它由一些有经验的并且对工艺过程、检查设备和作业情况熟悉的人员，事先对检查对象共同加以剖析、分解、详细分析、充分讨论、查明问题所在，并根据理论知识、实践经验、有关标准、规范和事故情报等进行周密细致的思考，确定检查的项目和要点，并将检查项目和要点按系统编制成表，以备在设计或检查时按规定的项目进行检查和诊断。

二、安全检查表的形式

安全检查表的形式很多，可根据不同的检查目的进行设计，也可按照统一要求的标准格式制作。目前应用较多的有两种形式，即提问式和对照式安全检查表，见表 3-2、表3-3。

提问式：检查项目内容采用提问方式进行。

安全检查表（提问式）　　　　　　　　　　　　　　　表 3-2

序号	检查项目	检查内容要点	是 "√"；否 "×"	备注
1				
2				
……				
检查人		时间	直接负责人	

该格式适用于企业非安全生产管理人员的生产人员实施自行检查，只需按检查表内容和生产实际情况符合性填"√"或"×"，确定当日或较短时期内的安全情况，也可用于操作人员的操作前检查表。

对照式：检查项目内容后面附上合格标准，检查时对比合格标准进行作答。

安全检查表（对照式）　　　　　　　　　　　　　　　表 3-3

序号	检查项目	依据标准	检查结果	备注
1				
2				
……				
检查结论				

该格式适用于企业安全生产管理人员或安全监管机构的专业人员，按照行业安全技术标准，对照企业生产条件和设备、工艺配置情况设计对应的检查表，填写表格检查结果时需要使用安全术语或相应的数据对比来明确实际生产状况和安全技术标准或法规间的差

距，从而起到准确判断和辅助决策的作用。

此外，在安全性评价标准或安全检查标准，以及安全标准化实施进程中，也有安全检查表中增加分值评判等表格项的格式，即半定量的安全检查表。

可见，在进行安全检查时，利用安全检查表能做到目标明确、要求具体、查之有据；对发现的问题做出简明确切的记录，并提出解决的方案，同时落实到责任人，以便及时整改。

三、安全检查表的类型

根据用途和安全检查表的内容，安全检查表可分为以下几种类型：

1. 审查设计的安全检查表。主要用于对企业生产性建设和技改工程项目进行设计审核时使用，也可作为"三同时'的安全预评价审核的依据。检查表中除了已列入的检查项目外，还要列入设计应遵循的原则、标准和必要数据。使用于设计的安全检查表主要应包括：1）平面布置；2）装置、设备、设施工艺流程的安全性；3）机械设备设施的可靠性；4）主要安全装置与设备、设施布置及操作的安全性；5）消防设施与消防器材；6）防尘防毒设施、措施的安全性；7）危险物质的储存、运输、使用；8）通风、照明、安全通道等方面。审查设计的安全检查由设计人员和安全监察人员及安全评价人员在设计审核时进行。

2. 厂级的安全检查表。主要用于全厂性安全检查和安全生产动态的检查，也可用于安全技术、防火等部门进行日常检查。其主要内容包括：1）各生产设备设施装置装备的安全可靠性，各个系统的重点不安全部位和不安全点（源）；2）主要安全设备、装置与设施的灵敏性、可靠性；3）危险物质的储存与使用；4）消防和防护设施的完整可靠性；5）作业职工操作管理及遵章守纪等。企业厂级日常安全检查，可由安技部门现场人员和安全监督巡检人员会同有关部门联合进行。

3. 车间的安全检查表。用于车间进行定期检查和预防性检查的检查表，重点放在人身、设备、运输、加工等不安全行为和不安全状态方面。其主要内容包括工艺流程的安全性、车间的设备布置、制品与物件存放、安全通道、通风与照明、噪声与振动、安全标志、尘毒和有害气体的浓度、消防措施及操作管理等。车间的安全检查可由车间主任或指定车间安全员检查。

4. 工段及岗位的安全检查表。用于工段和岗位进行自检、互检和安全教育的检查表，主要集中在防止人身及误操作引起的事故方面，其主要内容包括工序或岗位的设备、环境、操作人员等方面的不安全因素。工序及岗位用安全检查表的内容应根据工序或岗位的设备、工艺过程、危险部位、防灾控制点即整个系统的安全性来制定，要做到内容具体，简明易行。岗位安全一般指定专人进行。

5. 专业性安全检查表。此类表格是由专业机构或职能部门所编制和使用的，主要专业性的安全检查或特种设备的安全检验，如对电气设备、起重设备、压为容器、特殊装置与设施等的专业性检查。检查表的内容应符合专业安全技术防护措施要求。如设备结构的安全性、设备安装的安全性、设备运行的安全性及运行参数指标的安全性、安全附件和报警信号装置的安全可靠性、安全操作的主要要求及特种作业人员的安全技术考核等。比如"塔式起重机安全检查表"、"防治瓦斯突出安全检查表"就属此类。

四、安全检查表的编制程序

要编制一个符合客观实际、能全面识别系统危险性的安全检查表，首先要建立一个编制小组，其成员包括熟悉系统的各方面人员。

1. 确定系统。指的是确定出所要检查的对象，检查对象可大可小，它可以是某一工序、某个工作地点、某一具体设备等。包括系统的结构、功能、工艺流程、操作条件、布置和已有的安全卫生设施。

2. 系统分解。根据检查对象，按功能或结构将系统划分为子系统或单元。

3. 判别危险源。按子系统或单元逐个分析潜在的危险因素。

4. 列出安全检查表。针对危险因素有关规章制度、以往的事故教训以及本单位的检验，确定安全检查表的要点和内容，然后按照一定的要求列出表格。

五、安全检查表应用实例

【例 3-1】某施工现场为做好临时消防，拟制定安全检查表。

施工现场涉及消防的内容很多，包括总平面布局、建筑防火、临时消防设施、防火管理等，其中临时消防设施又包括灭火器、临时消防给水系统、应急照明。所以在进行施工现场消防安全管理时，编制安全检查表首先应确定出具体的系统，系统边界划定的不同，其内容也就大不一样。

本例以手提式灭火器为系统，制定手提式灭火器安全检查表，当系统确定以后，就应针对所确定的系统，通过标准法规、经验教训、安全要求等，判别危险源，列出安全检查表，如表 3-4 所示。

手持式灭火器安全检查表 表 3-4

序号	检查项目	是（✓），否（×）	备注
1	在规定的所有场所都配备了灭火器吗？		
2	灭火器的类型应与配备场所可能发生的火灾类型相匹配吗？		
3	手持灭火器的数量足够吗？		
4	通往灭火器的通道畅通无阻吗？		
5	每个灭火器都有有效的检查标志吗？		
6	任何人都能迅速看到灭火器吗？		
7	从业人员都熟悉灭火器的操作吗？		
8	禁止使用的四氯化碳灭火器已被其他类型灭火器更换了吗？		
9	灭火剂有可能冻结的灭火器采取了防冻措施吗？		
10	能保证用过的或损坏的灭火器及时地更换吗？		
12	从业人员都知道自己工作区域内灭火器放置何处吗？		
13	施工现场内有必备的手持灭火器吗？		

【例 3-2】公路隧道施工安全检查评分表

为防止遗漏，在制定安全检查表时，通常要把检查对象分割为若干子系统（单元），集中讨论这些单元中可能存在什么样的危险性、会造成什么样的后果、如何避免或消除它，等等。按子系统的特征逐个编制安全检查表。在系统安全设计或安全检查时，按照安全检查表确定的项目和要求，逐项落实安全措施，保证系统安全。同时，安全检查表经过长时期的实践与修订，可使其更加完善。

将公路隧道施工系统划分为隧道开挖、爆破、施工用电、施工通风、出碴与洞内运输、支护衬砌等6个主要子系统，并确定检查内容和分值，如表3-5所示。

公路隧道施工安全检查评分表 表 3-5

序号	子系统	应得分	检查内容	不符合扣减分数	实际分数
1	隧道开挖	20	隧洞原岩的应力	6	
			边壁	4	
			机械设备动力驱动的传动件、转动部位防护	2	
			不良和特殊地质	6	
			高处作业个人防护用品配备	2	
2	爆破	10	爆破能量	7	
			爆破作业产生的炮烟	3	
3	施工用电	10	施工机具、线路	5	
			高压	5	
4	施工通风	20	风量、风速	20	
5	出碴与洞内运输	20	运输车辆	15	
			装碴机运转范围	5	
6	支护衬砌	20	支护	12	
			衬砌结构	8	
	合计	100		实际分数	

注：每项最多扣减分数不大于该项应得分数。

【例 3-3】《建筑施工安全检查标准》JGJ 59—2011 将脚手架检查评分表分为扣件式钢管脚手架、悬挑式脚手架、门式钢管脚手架、碗扣式钢管脚手架、附着式升降脚手架、承插型盘扣式钢管支架、高处作业吊篮、满堂式脚手架检查评分表，其中扣件式钢管脚手架检查评分表如表 3-6 所示。

扣件式钢管脚手架检查评分表　　　　　　表 3-6

序号	检查项目		扣分标准	应得分数	扣减分数	实得分数
1	保证项目	施工方案	架体搭设未编制施工方案或搭设高度超过 24m 未编制专项施工方案扣 10 分 架体搭设高度超过 24m，未进行设计计算或未按规定审核、审批扣 10 分 架体搭设高度超过 50m，专项施工方案未按规定组织专家论证或未按专家论证意见组织实施扣 10 分 施工方案不完整或不能指导施工作业扣 5～8 分	10		
2		立杆基础	立杆基础不平、不实、不符合方案设计要求扣 10 分 立杆底部底座、垫板或垫板的规格不符合规范要求每一处扣 2 分 未按规范要求设置纵、横向扫地杆扣 5～10 分 扫地杆的设置和固定不符合规范要求扣 5 分 未设置排水措施扣 8 分	10		
3		架体与建筑结构拉结	架体与建筑结构拉结不符合规范要求每处扣 2 分 连墙件距主节点距离不符合规范要求每处扣 4 分 架体底层第一步纵向水平杆处未按规定设置连墙件或未采用其他可靠措施固定每处扣 2 分 搭设高度超过 24m 的双排脚手架，未采用刚性连墙件与建筑结构可靠连接扣 10 分	10		
4		杆件间距与剪刀撑	立杆、纵向水平杆、横向水平杆间距超过规范要求每处扣 2 分 未按规定设置纵向剪刀撑或横向斜撑每处扣 5 分 剪刀撑未沿脚手架高度连续设置或角度不符合要求扣 5 分 剪刀撑斜杆的接长或剪刀撑斜杆与架体杆件固定不符合要求每处扣 2 分	10		
5		脚手板与防护栏杆	脚手板未满铺或铺设不牢、不稳扣 7～10 分 脚手板规格或材质不符合要求扣 7～10 分 每有一处探头板扣 2 分 架体外侧未设置密目式安全网封闭或网间不严扣 7～10 分 作业层未在高度 1.2m 和 0.6m 处设置上、中两道防护栏杆扣 5 分 作业层未设置高度不小于 180mm 的挡脚板扣 5 分	10		
6		交底与验收	架体搭设前未进行交底或交底未留有记录扣 5 分 架体分段搭设分段使用未办理分段验收扣 5 分 架体搭设完毕未办理验收手续扣 10 分 未记录量化的验收内容扣 5 分	10		
		小计		60		

序号	检查项目		扣分标准	应得分数	扣减分数	实得分数
7	一般项目	横向水平杆设置	未在立杆与纵向水平杆交点处设置横向水平杆每处扣2分 未按脚手板铺设的需要增加设置横向水平杆每处扣2分 横向水平杆只固定端每处扣1分 单排脚手架横向水平杆插入墙内小于18cm每处扣2分	10		
8		杆件搭接	纵向水平杆搭接长度小于1m或固定不符合要求每处扣2分 立杆除顶层顶步外采用搭接每处扣4分	10		
9		架体防护	作业层未用安全平网双层兜底，且以下每隔10m未安全平网封闭扣10分 作业层与建筑物之间未进行封闭扣10分	10		
10		脚手架材质	钢管直径、壁厚、材质不符合要求扣5分 钢管弯曲、变形、锈蚀严重扣4～5分 扣件未进行复试或技术性能不符合标准扣5分	5		
11		通道	未设置人员上下专用通道扣5分 通道设置不符合要求扣1～3分	5		
		小计		40		
检查项目合计				100		

注：1. 扣减分值总和不得超过该检查项目的应得分值。

2. 保证项目中有一项未得分或保证项目小计得分不足40分，此检查评分表不应得分。

六、安全检查表适用性分析

（一）目的

主要用于确保有关规定和标准得以实施。某些情况下，将安全检查表与其他系统安全分析方法结合起来去发现只用安全检查表分析可能无法发现的危险。

（二）适用范围

安全检查表适用于产品、系统生命周期的各个阶段，适用范围涉及生产、工艺、规程、管理各个方面，该分析方法列出的检查内容的过程，即为危险辨识的过程。该方法适用范围较为广泛，但分析的精确度较低，生产中的安全检查表需要在实践中不断修改完善。

（三）内容

安全检查表的内容既要系统全面，又要简单明了，切实可行。一般来说，安全检查表的基本内容涉及人、机、环境、管理四个方面，并且必须包括以下6个方面的基本内容：

1. 总体要求：建厂条件、工厂设置、平面布置、建筑标准、交通、道路等；

2. 生产工艺：原材料、燃料、生产过程、工艺流程、物料输送及贮存等；

3. 机械设备：机械设备的安全状态、可靠性、防护装置、保安设备、检控仪表等；

4. 操作管理：管理体制、规章制度、安全教育及培训、人的行为等；

5. 人机工程：工作环境、工业卫生、人机配合等；

6. 防灾措施：急救、消防、安全出口、事故处理计划等。

(四) 优点

1. 安全检查表可以事先编制,集思广益。安全检查人员能根据检查表预定的目的、要求和检查要点进行检查。做到突出重点,避免疏忽、遗漏和盲目性,及时发现和查明各种危险和隐患。

2. 针对不同的对象和要求编制相应的安全检查表,可实现安全检查的标准化、规范化。同时也可为设计新系统、新工艺、新装备提供安全设计的有用资料。

3. 依据安全检查表进行检查,是监督各项安全规章制度的实施和纠正违章指挥、违章作业的有效方式。它能克服因人而异的检查结果,提高检查水平,同时也是进行安全教育的一种有效手段。

4. 安全检查表整改责任明确,可作为安全检查人员或现场作业人员履行职责的凭据,有利于落实安全生产责任制。同时也可为新老安全员顺利交接安全检查工作打下良好的基础。

5. 由于安全检查表中内容直观简单,容易掌握,易于实现群众管理。

6. 安全检查表检查方法具体实用,可以避免流于形式走过场,有利于提高安全检查效果。

7. 安全检查表采用提问的方式,可促进安全教育,提高安全技术人员的安全管理水平。

(五) 所需资料

安全检查表应列举需查明的所有能导致工伤或事故的不安全状态和行为。为了使检查表在内容上能结合实际、突出重点、简明易行、符合安全要求,应依据以下四个方面进行编制。

1. 有关法律法规、规范、标准、规程

安全检查表应以国家、部门、行业、企业所颁发的有关安全的法律法规、规范、标准、规程等为依据。如编制生产装置的检查表,要以该产品的设计规范为依据,对检查中涉及的控制指标应规定出安全的临界值,即设计指标的容许值,超过容许值应报告并作处理。对专用设备如电气设备、锅炉压力容器、起重机具、机动车辆等,应按各相关的规程与标准进行编制,使检查表的内容在实施中均能做到科学、合理并符合法规的要求。

2. 国内外事故情报

编制安全检查表应认真收集国内外有关各类事故案例资料,包括同行业及同类产品生产中事故案例和资料,结合编制对象,仔细分析有关的不安全状态,并详细列举出来。此外,还应参照对事故和安全操作规程等的研究分析结果,把有关基本事件列入检查表中。

3. 本单位的经验

要在总结本单位生产操作和安全管理资料的实践经验、分析各种潜在危险因素和外界环境条件的基础上,编制出结合本单位实际的安全检查表,切忌生搬硬套。

4. 系统安全分析的结果

参照其他系统安全分析方法(预先危险性分析、事故树分析)等分析的结果,把可能导致事故的基本事件列入检查项目中。

(六) 注意事项

在编制安全检查表时应注意如下问题:

1. 编制安全检查表的过程，实质是理论知识、实践经验系统化的过程，一个高水平的安全检查表需要专业技术的全面性、多学科的综合性和对实际经验的统一性。为此，应组织技术人员、管理人员、操作人员和安技人员深入现场共同编制。

2. 按查隐患要求列出的检查项目应齐全、具体、明确，突出重点，抓住要害。为了避免重复，尽可能将同类性质的问题列在一起，系统地列出相关的安全问题或状态。另外，应规定检查方法，并附有检查合格标准。防止检查表笼统化、行政化。

3. 各类安全检查表都有其适用对象，各有侧重，是不宜通用的。如专业检查表与日常检查表要加以区分，专业检查表应详细，而日常检查表则应简明扼要，突出重点。

4. 危险性部位应详细检查，确保一切隐患在可能发生事故之前就被发现。

5. 编制安全检查表应将系统安全工程中的事故树分析、事件树分析、预先危险性分析和危险性和可操作性研究等方法结合进行，把一些基本事件列入检查项目中。

第三节　预先危险性分析

预先危险性分析（Preliminary Hazard Analysis，PHA）是一种定性分析评价系统内危险源和危险程度的方法。防止操作人员直接接触对人体有害的原材料、半成品、成品和生成废弃物，防止使用危险性工艺、装置、工具和采用不安全的技术路线。如果必须使用时，也应从设备上或工艺上采取安全措施，以保证这些危险因素不致发展成为事故。

一、预先危险性分析的基本概念

预先危险性分析是指一个系统或子系统在设计、施工、生产等运转活动之前，或技术改造（制定操作规程和使用新工艺等情况）之后，预先对系统可能存在的危险类别、出现条件以及可能造成事故的后果进行客观地概略分析。

二、预先危险性分析程序

进行预先危险性分析时，一般是利用安全检查表、经验和技术先查明危险源存在方位，然后识别使危险源演变为事故的触发因素和必要条件，对可能出现的事故后果进行分析，并采取相应的措施。

预先危险性分析包括准备、审查和结果汇总三个阶段，分析的一般程序如图 3-1 所示。

图 3-1　预先危险性分析一般程序

（一）准备阶段

对系统进行分析之前，要收集有关资料和其他类似系统以及使用类似设备、工艺物质的系统的资料。对于所分析系统，要弄清其功能、构造，为实现其功能所采用的工艺过程，以及选用的设备、物质、材料等。由于预先危险性分析是在系统开发的初期阶段进行的，而获得的有关分析系统的资料是有限的，因此在实际工作中需要借鉴类似系统的经验来弥补分析系统资料的不足。

通常采用类似系统、类似设备的安全检查表作参照。这一阶段包括：

1. 确定系统。明确所分析系统的功能及分析范围。

2. 调查、收集资料。调查生产目的、工艺过程、操作条件和周围环境。收集设计说明书、本单位的生产经验、国内外事故情报及有关标准、规范、规程等资料。

（二）审查阶段

通过对方案设计、主要工艺和设备的安全审查，辨识其中主要的危险因素，也包括审查设计规范和采取的消除、控制危险源的措施。

通常，应按照预先编制好的安全检查表逐项进行审查，其审查的主要内容有以下几个方面：

1. 危险设备、场所、物质；

2. 有关安全设备、物质间的交接面，如物质的相互反应，火灾爆炸的发生及传播，控制系统等；

3. 对设备、物质有影响的环境因素，如地震、洪水、高（低）温、潮湿、振动等；

4. 运行、试验、维修、应急程序，如人失误后果的严重性，操作者的任务，设备布置及通道情况，人员防护等；

5. 辅助设施，如物质、产品储存，试验设备，人员训练，动力供应等；

6. 有关安全装备，如安全防护设施、冗余系统及设备、灭火系统、安全监控系统、个人防护设备等。

根据审查结果，确定系统中的主要危险因素，研究其产生的原因和可能发生的事故。根据事故原因的重要性和事故后果的严重程度，确定危险因素的危险等级。

审查阶段可分为：

1. 系统功能分解

系统是由若干个功能不同的子系统组成的，如动力、设备、结构、燃料供应、控制仪表、信息网络等，其中还有各种连接结构。同样，子系统也是由功能不同的部件、元件组成，如动力、传动操纵和执行等。为了便于分析，按系统工程的原理，将系统进行功能分解，并绘出功能框图，表示它们之间的输入、输出关系。

2. 分析、识别危险性

确定危险类型、危险来源、初始伤害及其造成的危险性，对潜在的危险点要仔细判定。

3. 确定危险等级

在确认每项危险之后，都要按其效果进行分类。

为了评判危险、有害因素的危害等级以及它们对系统破坏性的影响大小，预先危险性分析法给出了各类危险性的划分标准。该法将危险性划分4个等级：

Ⅰ级：安全的，暂时不能发生事故，可以忽略；

Ⅱ级：临界的，有导致事故的可能性，事故处于临界状态，可能造成人员伤亡和财产损失，应该采取措施予以控制；

Ⅲ级：危险的，可能导致事故发生，造成人员伤亡或财产损失，必须采取措施进行控制；

Ⅳ级：灾难的，会导致事故发生，造成人员严重伤亡或财产巨大损失，必须立即设法消除。

4. 制定措施

根据危险等级，从软件（系统分析、人机工程、管理、规章制度等）、硬件（设备、工具、操作方法等）两方面制定相应的消除危险性的措施和防止伤害的办法。

针对识别出的主要危险因素，可以通过修改设计、加强安全措施来消除或予以控制，从而达到系统安全的目的。

（三）结果汇总阶段

根据分析结果，确定系统中的主要危险源，研究其产生的原因和可能导致的事故，以表格的形式汇总分析结果。

典型的结果汇总表包括主要危险源或事故及其产生的原因、可能的后果、危险性等级以及应采取的相应措施等，如表 3-7 所示，表格的格式可以根据需要加以增删或调整。

预先危险性分析结果汇总表 表 3-7

危险源	原因	后果	危险性等级	控制措施

三、预先危险性分析应用实例

【例 3-4】公路隧道以山岭公路隧道居多，山岭公路隧道施工方法主要有传统矿山法和新奥法，其中传统矿山法施工程序如图 3-2 所示。无论采用哪种方法，隧道施工应包括隧洞掘进、爆破、施工用电、通风除尘、出碴与洞内运输、支护、衬砌等主要工艺流程和施工程序。

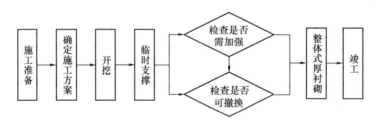

图 3-2 传统矿山法施工程序

通过收集有关法律法规、技术标准、隧道设计资料、安全技术与安全管理措施资料，根据公路隧道的工艺特点和环境条件，针对公路隧道施工过程中设备、设施、安全装置运行情况和管理状况的分析，定性地分析其生产过程中存在的危险、有害因素，确定其危险度，对其在今后的施工过程中情况给予客观的评价，对存在的问题提出合理可行的安全对策措施及建议。

考虑公路隧道施工的危险、有害因素的危害程度及特殊工艺，将公路隧道施工系统分为隧道开挖、爆破、施工用电、施工通风、出碴与洞内运输、支护衬砌等 6 个主要子系统（安全检查表中例 3-2），在对我国的公路隧道施工事故数据充分调查和分析的基础上，通过对公路隧道施工过程的危险因素进行辨识，做出公路隧道施工预先危险分析如表 3-8 所示。

公路隧道施工预先危险性分析表

表 3-8

子系统	危险因素	触发事件	事故情况	事故后果	危险等级	控制措施
隧道开挖	隧洞原岩的应力失衡	开挖，支护不及时	冒顶片帮坍塌	人身伤亡	IV	采用光面爆破，对岩石松动的部位加强锚喷混凝土支护，加强硐室围岩监测，使用个人防护用品
	边壁落石	边壁受到外力作用	物体打击	人身伤亡	III	对边壁毛石进行及时清除；避免外力对边壁的触碰
	机械设备动力驱动的传动件、转动部位防护不当或残缺	机械设备与作业人员接触	机械伤害	人身伤亡	II	设备的运行、维护应执行《机械设备安全防护罩安全要求》GB 8196、《机械防护安全距离》GB 12265—1990 等相关要求
	不良和特殊地质	隧洞穿越	透水、瓦斯爆炸、坍塌等	人身伤亡	II	对地质情况进行超前预测、预报，特殊地质地段隧道施工方案，应由设计、施工主管技术负责人共同研究确定。在监控、量测过程中，发现设计与实际情况不符时，或地质变异时，施工单位会同有关方面，作出必要合理的修改
	高处作业个人防护用品配备不齐、工具机件存放不当	高空及吊装作业	高处坠落、物体打击	人身伤亡	II	严格按照操作规程标准化、正规化施工，设置防护安全网；所有进入隧道工地的人员，必须按规定佩戴安全帽，高空作业人员必须佩带安全绳及安全带等劳保用品，遵章守纪，听从指挥
爆破	爆破能量	施工爆破安全距离不够；出现盲炮，没有妥善处理	放炮	人身伤亡财产损失	IV	爆破时，所有人员撤离至《公路工程施工安全技术规程》JTJ 076—95 规定的安全距离，安排专人进行现场安全管理；爆破前，按《爆破安全规程》GB 6722—86 进行检查，爆破后，发现盲炮时，按规定的由原爆破人员进行处理，盲炮处理期间危险区内禁止其他作业
	爆破作业产生的炮烟	施工人员提前进入工作面	中毒和窒息	人身伤亡	II	加强局部通风，充分通风后方可进入掘进工作面

子系统	危险因素	触发事件	事故情况	事故后果	危险等级	控制措施
施工用电	施工机具、线路漏电	绝缘老化、绝缘破损、接触不良、潮湿	触电	人身伤亡	II	经常检查电气线路和施工机具。进行安全用电安全教育，定期检修电器设备；对电器设备外壳要进行防护性接地、保护性接零或绝缘；在潮湿的洞内环境中，施工临时照明设备及手提工具，不得使用超过36V的高压作业
	高压	安全标志未设立或不合理	触电火灾	人身伤亡	II	洞内洞外变压器均要设置安全栅栏，并应设置提醒标志
施工通风	风量、风速不足	设备运转，有毒有害气体进入盲竖井施工区域，施工通风不畅，有毒有害气体不能及时有效排放而积累	中毒和窒息	人身伤亡	III	根据隧道长度、施工方法、设备条件选用合适的通风方式；隧道施工通风能满足洞内各项作业所需要的最大风量；通风机专人管理，制定专项措施，保证工作面的风量风速满足要求；对有毒有害气体浓度进行监测；使用个人防护用品
出碴与洞内运输	运输车辆故障	车辆使用未进行检查，带故障运行	车辆伤害	人身伤亡	III	选择合适的运输方式；有轨运输遵守《公路工程施工安全技术规范》的7.3.6.1和《公路隧道施工技术规范》的6.2.5的有关规定；无轨运输遵守《公路工程施工安全技术规范》的7.3.6.3的有关规定
	装碴机运转范围不足	装碴作业不符合要求	物体打击、机械伤害、坍塌	人身伤亡	II	装碴机作业时，应设专人指挥和导向；洞内机械装碴时，作业断面能满足装碴机的安全运转；装碴机械装碴时，司机必须精力集中，要注意观察工作面围岩变化情况，防止坍塌而造成事故
支护衬砌	支护破坏	支护方式不当	物体打击、坍塌	人身伤亡	IV	隧道的支护首先要根据围岩的稳定情况，采取有效的支护措施，主要有喷锚支护和大管棚支护等；施工期间，对支护的工作状态进行定期和不定期的检查。在不良地质地段，要指派专人每班检查，当发现支护变形或损坏时，要立即修整加固

40

子系统	危险因素	触发事件	事故情况	事故后果	危险等级	控制措施
支护衬砌	衬砌结构断裂	围岩松胀，岩石压力作用在衬砌结构上	坍塌	人身伤亡	Ⅳ	在进行衬砌施工前，要仔细检查初期支护的完好性和稳定性，若初期支护存在损坏现象，应先行补喷恢复后，方可进行下一步作业。采用模筑衬砌施工时，应遵守《公路隧道施工技术规定》的有关规定

四、预先危险性分析适用分析

(一) 目的

1. 大体识别与系统有关的主要危险；

2. 鉴别产生危险的原因；

3. 预测事故出现对人体及系统产生的影响；

4. 判定已识别的危险性等级，并提出消除或控制危险性的措施。

(二) 适用范围

预先危险性分析适用于固有系统中采取新的方法，接触新的物料、设备和设施的危险性评价。该方法一般在产品或系统生命周期的早期阶段（如可研阶段、设计初期）使用，由于此时可依据资料的缺乏，该分析方法在于借助专业人士等的集体智慧识别出危险和事故，为进一步的设计提供决策依据。当只希望进行粗略的危险和潜在事故情况分析时，也可以用 PHA 对已建成的装置进行分析。

(三) 分析内容

1. 识别危险的设备、零部件，并分析其发生的可能性条件；

2. 分析系统中各子系统、各元件的交接面及其相互关系与影响；

3. 分析原材料、产品、特别是有害物质的性能及储运；分析工艺过程及其工艺参数或状态参数；人机关系（操作、维修等）；

4. 环境条件；

5. 用于保证安全的设备、防护装置等。

(四) 优点

1. 分析工作做在行动之前，可及早采取措施排除、降低或控制危害，避免考虑不周造成损失；

2. 对系统开发、初步设计、制造、安装、检修等作的分析结果，可以提供应遵循的注意事项和指导方针；

3. 分析结果可为制定标准、规范和技术文献提供必要的资料；

4. 根据分析结果可以编制安全检查表以保证实施安全，并可以作为安全教育的材料。

（五）所需资料

1. 各种设计方案的系统和分系统部件的设计图纸和资料；

2. 在系统预期的寿命期内，系统各组成部分的活动、功能和工作顺序的功能流程图及有关资料；

3. 在预期的试验、制造、储存、修理、使用等活动中与安全要求有关的背景材料。

（六）注意事项

1. 在新开发的生产系统或新的操作方法中，对接触到的危险物质、工具和设备的危险性还没有足够的认识。因此，为了使分析获得较好的效果，应采用设计人员、操作人员、安技干部三结合的形式进行。

2. 根据系统工程的观点，在查找危险时，应将系统进行分解，按子系统、系统元一步一步的进行。这样做不仅可以避免过早的陷入细节问题而忽视重点问题的危险，且可以防止漏项。

3. 为了使分析人员有条不紊、合理地从错综复杂的结构关系中查找深潜的危险因素，采取下列对策：

（1）迭代。对一些深潜的危险，一时不能直接查出危险因素时，可先作一些假设，然后将得出的结果作为改进后的假设，再进一步查危险因素。这样经过一步一步地试析，向更准确的危险因素逼近。

（2）抽象。在分析过程中，对某些危险因素常忽略其次要方面，首先将注意力集中于危险性大的主要问题上。主要可使分析工作能较快地入门，先保证在主要危险因素上取得结果。

（3）运用控制论。输入是一定的，技术系统（具体结构）也是一定的，问题是探求输出哪些危险因素。

4. 在可能条件下最好事先准备一个检查表，指出查找危险性的范围。

第四节　故障类型和影响分析

故障类型和影响分析（Failure Model and Effects Analysis，FMEA）是安全系统工程中重要的分析方法，主要分析系统或产品的各组成部分、元件的可靠性和安全性。它采用系统分割的概念，根据实际需要分析的水平，把系统分割成子系统或进一步分割成元件。然后，按一定顺序进行系统分析和考察，查出系统中各子系统或元件可能发生的故障和故障所呈现的状态（故障类型），进一步分析它们对系统或产品的功能造成的影响，提出可能采取的预防改进措施，以提高系统或产品的可靠性和安全性。

在采用故障类型和影响分析进行初步定性分析后，对于其中特别严重，甚至会造成死亡或重大财物损失的故障类型，结合故障发生难易程度的评价或发生的概率，进行详细分析，称为致命度分析；从而把它与致命度分析（Critical Analysis）结合起来，构成故障类型和影响、致命度分析（FMECA）。这样，若确定了每个元件的故障发生概率，就可以确定设备、系统或装置的故障发生概率，从而定量地描述故障的影响。系统的子系统或元件在运行过程中会发生故障，而且往往可能发生不同类型的故障。

FMEA 在许多重要领域被明确规定为设计人员必须掌握的技术，FMEA 被有关资料规定为不可缺少的设计文件，是设计审查中指出设计上潜在缺陷的手段。

一、故障类型和影响分析的基本概念

（一）故障

故障是指元件、子系统、系统在规定的运行时间、条件内达不到设计规定的功能。并不是所有的故障都能造成严重的后果，而是其中有些故障会影响系统不能完成任务或造成事故损失。

以机电产品为例：从其制造、产出和发挥作用，一般都要经历规划、设计、选材、加工制造、装配、检验包装、储存、运输、安装、调试、使用、维修等环节。每一个环节都可能出现缺陷、失误、偏差与损伤，这都有可能使产品存在隐患，即处于一种可能发生的故障状态，特别是在动态负载、高速、高温、高压、低温、摩擦和辐射等条件下使用，发生故障的可能性更大。

（二）故障类型

故障类型也称为故障模式，是由不同故障机理发生的结果，是故障现象的表现形式，即故障状态，相当于医学上的疾病症状。因此，一个系统或一个元件往往有多种故障类型。故障类型可分为七大类：（1）损坏型：如断裂、变形过大、塑性变形、裂纹等；（2）退化型：如老化、腐蚀、磨损等；（3）松脱型：松动、脱焊等；（4）失调型：如间隙不当、行程不当、压力不当等；（5）堵塞或渗漏型：如堵塞、漏油、漏气等；（6）功能型：如性能不稳定、性能下降、功能不正常等；（7）其他：润滑不良等。也可以从五个方面来考虑：运行过程中的故障；过早地启动；规定的时间内不能启动；规定的时间内不能停车；运行能力降低、超量或受阻。一般机电产品、设备典型故障类型见表 3-9，部分元器件故障类型见表 3-10。

一般机电产品、设备典型故障类型　　　　　　　　　　　　表 3-9

序号	故障类型	序号	故障类型	序号	故障类型
1	结构故障（破损）	12	超出允差（下限）	23	滞后运行
2	捆结或卡死	13	意外运行	24	错误输入（过大）
3	振动	14	间歇性工作	25	错误输入（过小）
4	不能保持正常位置	15	漂移性工作	26	错误输出（过大）
5	打不开	16	错误指示	27	错误输出（过小）
6	关不上	17	流动不畅	28	无输入
7	误开	18	错误动作	29	无输出
8	误关	19	不能关机	30	（电的）短路
9	内部泄漏	20	不能开机	31	（电的）开路
10	外部泄漏	21	不能切换	32	（电的）泄漏
11	超出允差（上限）	22	提前运行	33	其他

部分元器件故障类型

表 3-10

元器件	故障类型
水泵、涡轮机、发电机	误启动、误停机、速度过快、反转、发热、线圈漏电
容器	泄漏、不能降温、加热、断热冷却过分
热交换器、配管	堵塞、流路过大、泄漏、变形、振动
阀门、流量调节装置	不能开启或不能闭合、开关错误、泄漏、堵塞
电力设备	电阻变化、放电、接触不良、短路、漏电、断开
计测装置	信号异常、劣化、示值不准、损坏
支撑结构	变形、松动、缺损、脱落
齿轮	断裂、压坏、熔融、烧结、磨耗
滚动轴承	滚动体扎碎、磨损、压坏、烧结、腐蚀、裂纹
滑动轴承	磨损、变形、疲劳、腐蚀、胶合、破裂
电动机	磨损、变形、发热、腐蚀、绝缘破坏

对产品、设备、元件的故障类型、产生原因及其影响应及时了解和掌握，才能正确地采取相应措施。若忽略了某些故障类型，这些类型故障可能因为没有采取防止措施而发生事故。

（三）故障原因

故障原因是指导致系统、产品的故障的原因，主要来自两个方面。

一是内在因素，从固有可靠性方面看，有以下原因：（1）系统、产品的硬件设计不合理或存在潜在的缺陷，如设计水平低，未采取防振、防湿、减荷、安全装置、冗余等设计对策；（2）系统、产品中零、部件有缺陷；（3）制造质量低，材质选用有错或不佳等；（4）运输、保管、安装不善。经验数据表明，在各类机电产品故障比率中，由固有可靠性引起的约占总数的 80%。

二是外在因素，从使用可靠性方面看，引起故障的主要原因是环境条件和使用条件。系统或产品的环境条件与使用条件越苛刻，越容易发生故障。湿度和温度过高或过低、振动、噪声、冲击、灰尘、有害气体等不仅是产品可靠性的有害因素，也是对操作人员有害的因素，这些都是促发故障的原因。根据机电产品寿命的统计表明，以室温（20～25℃）为基数，每升高 10℃，使用寿命就缩短 1/15～1/2。

只要存在着上述原因，就意味着系统或产品存在潜在的故障，在一定条件下，就会产生一定模式的故障。

（四）故障机理

故障机理是指诱发零件、产品、系统发生故障的物理与化学过程、电学与机械学过程，也可以说是形成故障源的原因。就是要考虑某个故障类型是如何发生的，以及它发生的可能性有多大。因此，在研究故障机理时，需要考虑下列三个原因：

1. 对象。对象是指发生故障的实体（系统或产品本身），以及其内部状态与潜在缺陷。对象的内部状态与结构，对故障的发生有抑制或促进作用。

2. 外部原因。指能引起系统或产品发生故障的外界破坏因素，如外部环境应力、时间因素、人为差错等故障诱因，即人、环境与机的关系。

3. 结果。指在外部原因作用于对象后，对象内部状态发生变化，当此变化量超过某一阈值，便形成故障。

（五）故障影响

故障影响也称为故障后果，是指某种故障类型发生后，它对系统、子系统、部件操作、功能或状态所造成的影响，影响程度有多大。

（六）故障类型、故障机理与故障原因的关系

故障原因孕育着故障机理，而故障类型反映着故障机理的差别。

1. 故障类型相同，其故障机理并不一定相同；如：机械零件变形这一故障类型，其机理可能有冲击、温度、破坏等。

2. 同一故障机理也可能出现不同的故障类型。如：疲劳这一故障机理，可以出现表面破损、耗损、折断等故障类型。

（七）故障等级

故障等级是衡量故障对系统任务、人员和财务安全造成影响的尺度。人们根据故障的大小采取相应的措施。评定故障等级的方法主要有四种：简单划分法、评点法、查表法和风险矩阵法，本书主要介绍前三种方法。

1. 定性分级方法——简单划分法

将故障类型对子系统或系统影响的严重程度分四个等级，见表 3-11。划分故障等级主要是为了分出轻重缓急以采取相应的对策，提高系统的安全性。

故障危险程度等级　　　　　　　　　　　　　　　　　　表 3-11

故障等级	影响程度	可造成的危害或损失
Ⅳ	致命性的	可能造成死亡或系统损失
Ⅲ	严重的	可能造成严重伤害、严重职业病、主要系统损坏
Ⅱ	临界的	可能造成轻伤、职业病或次要系统损坏
Ⅰ	可忽略的	不会造成轻伤、职业病，系统不会损坏

2. 半定量故障等级划分法

（1）评点法。在难于取得可靠性数据的情况下，可以采用评点法，此法较简单，划分精确。它从几个方面来考虑故障对系统的影响程度，用一定的点数表示程度的大小，通过计算，求出故障等级，公式如下：

$$C_s = \sqrt[i]{C_1 \cdot C_2 \cdots C_i} \tag{3-1}$$

式中　　C_s——总点数，$0 < C_s < 10$；

　　　　C_i——因素系数，$0 < C_i < 10$。

评点因素和点数 C_i 见表 3-12。

评点因素和点数　　　　　　　　　　　　　　　　　　表 3-12

评点因素	点数
故障影响大小	
对系统造成影响的范围	C_i
故障发生的频率	$0 < C_i < 10$
防止事故的难易程度	$1 < i < 5$
是否新设计	

（2）查表法。其评点因素的内容比较模糊，而且系数取值范围较大，不易评得准确。将求点数的方法列于表 3-13，可根据评点因素求出点数，然后相加，计算出总点数 C_s。

评点参考表

表 3-13

评点因素	内 容	点数
故障影响大小	造成生命损失	5.0
	造成相当损失	3.0
	功能损失	1.0
对系统造成的影响	对系统造成两个以上重大损失	2.0
	对系统造成两个以上重大损失	1.0
	对系统无太大影响	0.5
发生频率	易于发生	1.5
	能够发生	1.0
	不太发生	0.7
防止事故的可能性	不能	1.3
	能够防止	1.0
	易于防止	0.7
是否新设计	相当新的内容设计	1.2
	类似设计	1.0
	同一设计	0.8

以上两种评点方法求出的总点数 C_s，均可按表 3-14 评出故障等级。

评点数与故障等级

表 3-14

故障等级	评点数	内 容	应采取的措施
Ⅳ（致命）	7～10	完不成任务，人员伤亡	变更设计
Ⅲ（重大）	1～7	大部分任务完不成	重新讨论设计，也可变更设计
Ⅱ（轻微）	2～4	一部分任务完不成	不必变更设计
Ⅰ（可忽略）	<2	无影响	无

（八）功能框图

一个系统由若干个功能不同的子系统组成，如动力、设备、结构、燃料供应、控制仪表、信息网络系统等，其中还有各种接合面。为了便于分析，对复杂系统可以绘制各功能子系统相结合的系统图，以表示各功能子系统间的关系。对简单系统可以用流程图代替系统图。

1. 功能说明

该高压空气压缩机的功能是提供操作用全部高压空气。在分析中不考虑外电源和压缩机贮罐的故障以及操作人员的误操作。

2. 功能分解

压缩机系统由一台电动机驱动，采用闭路循环水冷却。该系统由五个子系统组成：

（1）电动机。向压缩机、润滑、冷却各子系统输送扭矩。

（2）监测器系统。包括各种压力表、安全阀、压力开关、温度监测和报警器等，监测压力、温度可起到安全保护的作用。

（3）冷却与除湿系统。冷却水流经内冷却器、后部冷却器、润滑油冷却器、气缸夹套及端部冷却器来完成冷却作用。除湿部分的功能是将进入压缩机的空气的水分除掉。

（4）润滑系统。保证压缩机各运动副接触之间的润滑和气缸的良好润滑。

（5）压缩机。装有自身润滑装置、冷却液自动排放系统和电动计时器等。

图 3-3 是压缩机系统的功能框图，表示出五个子系统和功能输出之间的关系。

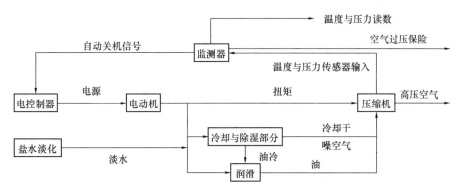

图 3-3　压缩机系统的功能框图

（九）可靠性框图

可靠性框图是研究如何保证系统正常工作的一种系统图，不是按系统的结构顺序绘制的结构图。它表示各元件是并联或串联的以及输入输出情况。由几个元件共同完成一项功能时用串联连接，元件有备品时则用并联连接。可靠性框图内容应和相应的功能框图一致。

绘制可靠性框图时，当构成系统的所有子系统都正常工作，系统才能正常工作时，用串联方式连接各子系统，如图 3-4（a）所示。若构成系统的任一子系统正常工作即能保证系统正常工作时，则用并联连接，如图 3-4（b）所示。有时，也有混联方式，如图 3-4（c）所示。

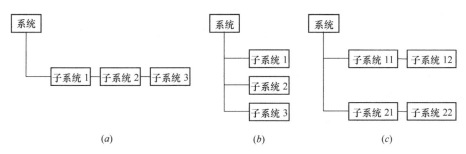

(a)　　　　　　　　　　(b)　　　　　　　　　　(c)

图 3-4　系统功能框图基本形式
(a) 串联形式；(b) 并联形式；(c) 混联形式

由图 3-3 功能框图可以画出图 3-5 高压空气压缩机可靠性框图。

从图 3-5 中可以明确地看出系统、子系统和元件之间的层次关系，系统、子系统间的功能输入和输出以及串联和并联方式。各层次要进行编码，和将来制表的项目编码相对应。

可靠性框图与流程图或设备布置图不同，它只是表示系统与子系统间功能流动情况，而且

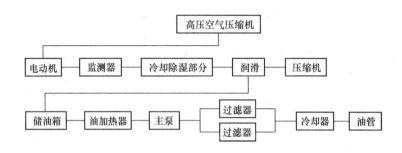

图 3-5 高压空气压缩机可靠性框图

注：1. 高压空气压缩机系统包括子系统电动机、监测器、冷却除湿部分、润滑、压缩机。

　　2. 润滑子系统包括元件储油箱、油加热器、主泵、过滤器、冷却器、油管。

　　3. 元件过滤器相同，是冗余设计。

可以根据实际需要，对风险度大的子系统进行深入分析，问题不大的子系统则可放置一边。

二、故障类型和影响分析程序

（一）明确系统情况和目的

了解系统设计任务书、技术设计说明书、图纸、使用说明书、标准、规范、事故情报等资料。

对故障类型和影响进行分析之前，必须掌握被分析对象系统的有关资料，以确定分析的详细程度。确定对象系统的边界条件包括以下内容：

1. 了解作为分析对象的系统、装置或设备。

2. 确定分析系统的物理边界，划清对象系统、装置、设备与子系统、设备的界线，圈定所属的元素（设备、元件）。

3. 确定系统分析的边界，应明确两方面的问题：

（1）分析时不需考虑的故障类型、运行结果、原因或防护装置等，如分析故障原因时不考虑飞机坠落到系统外和地震、龙卷风等对系统的影响。

（2）最初的运行条件或元素状态等，例如对于初始运行条件，在正常情况下阀门是开启的还是关闭的必须清楚。

4. 收集元素的最新资料，包括其功能、与其他元素之间的功能关系等。

（二）确定分析层次

分析的详细程度取决于被分析系统的规模和层次。例如，选定一座化工厂作为对象系统时，故障类型和影响分析应着眼于组成工厂的各个生产系统，如供料系统、间歇混合系统、氧化系统、产品分离系统和其他辅助系统等，对这些系统的故障类型及其对工厂的影响进行分析。当把某个生产系统作为对象系统时，应对构成该系统的设备的故障类型及其影响进行分析。当以某一台设备为分析对象时，则应对设备的各部件的故障类型及其对设备的影响进行分析。当然，分析各层次故障类型和影响时，最终都要考虑它们对整个工厂的影响。

（三）绘制功能框图和可靠性框图

根据对系统的分解和分析画出功能框图。可靠性框图是从可靠性的角度建立的模型，它把实际系统的物理、空间要素与现象表示为功能与功能之间的联系，尤其明确了它们之间的逻辑关系。

（四）建立故障类型清单、分析故障类型及影响

这一步是实施 FMEA 的核心，按照可靠性框图，根据理论知识、实践经验和有关故障资料，判明系统中所有实际可能出现的故障类型，即导致规定输出功能的异常和偏差。分析过程的出发点，不是从故障已发生开始考虑，而是分析现有设计方案，会有哪种故障发生，即对每一种输出功能的偏差，预计可能发生什么故障，对部件、子系统、系统有什么影响及其程度，列出认为可能发生的全部故障。选定、判定故障类型是一项技术性很强的工作。5W1H 启发式分析方法：5W1H 是 Who、When、Where、What、Why、How的总称。

（五）研究故障检测法

设定故障发生后，说明故障所表现的异常状态及如何检测，例如通过声音的变化，仪表指示量的变化进行检测。对保护装置和警报装置，要研究能被检测出的程度如何并作出评价。

（六）确定故障等级

根据故障影响，对照简单划分法进行故障等级划分。但这种分级方法基本没有考虑故障发生的概率，有一定的片面性。为弥补这点不足，可采用评点法或风险矩阵法来进行故障分级。

（七）提出预防措施

预防措施是对故障因素和危险源的控制措施。

（八）制定 FMEA 表

根据故障类型和影响分析表，系统、全面和有序地进行分析，最后将分析结果汇总于表中，可以一目了然地显示全部分析内容。根据研究对象和分析的目的，故障类型和影响分析表可设置成多种形式，常用的分析表格见表 3-15。

故障类型和影响分析表　　　　　　　　　　　　表 3-15

子系统或设备部件	故障类型	故障原因	故障影响	检查方法	故障等级	校正措施

三、故障类型和影响分析应用实例

【例 3-5】柴油机燃料供应系统的 FMEA 分析。

柴油机燃料供应系统的故障类型和影响分析主要是了解柴油机燃料供应系统中各元件在使用过程中会出现哪些故障，产生哪些故障类型，这些故障类型对其本身以及整个柴油机燃料供应系统的功能都会产生什么影响。对于柴油机燃料供应系统进行 FMEA 分析，主要是基于其结构进行分析，其分析层次应基于元件，故障类型危及的对象应是供应系统，此分析主要涉及设备可靠性或安全的问题，不涉及人员安全问题。

在确定了柴油机燃料供应系统（柴油经膜式泵送往壁上的中间贮罐，再经过滤器流入曲轴带动的柱塞泵，将燃料向柴油机气缸喷射）的功能后，将其分解为 5 个子系统，即燃料供给装置、燃料压送装置、燃料喷射装置、驱动装置、调速装置，并可画出系统的可靠性框图，如图 3-6 所示。

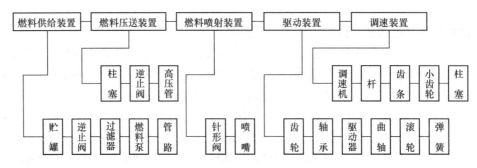

图 3-6 柴油机燃料系统可靠性框图

这里仅就柴油机的燃料供给装置、燃料压送装置做出故障类型影响分析，并填入
FMEA 分析表中，摘出对系统有严重危险的故障类型，汇总见表 3-16、表 3-17，从中可
以看出采取措施的重点。从分析结果可以看出，燃料供应装置的逆止阀、燃料压送装置的
柱塞和逆止阀、燃料喷射装置的针形阀都容易被污垢堵住。因此，要变更原来设计，即在
燃料泵（柱塞泵）前面加一个过滤器。

柴油机燃料供应系统故障类型影响分析表（部分） 表 3-16

编号	子系统名称	元件名称	故障类型	发生原因	影响		故障等级	备注
					燃料系统	柴油机		
1	燃料供给装置	贮罐	泄漏	1. 裂缝 2. 材料缺陷 3. 焊接不良	功能不齐全	运转时间变短，有发生火灾的可能性	Ⅲ	
			混入不纯物	1. 维修缺陷 2. 选用材料错误	功能不齐全	运转时会发生问题	Ⅲ	
		逆止阀	泄漏	1. 垫片不良 2. 污垢 3. 加工不良	功能不齐全	运转时间变短，有发生火灾的可能性	Ⅲ	
			关不严	1. 污垢 2. 阀头接触面划伤 3. 加工不良	功能失效	停车时会出现问题	Ⅱ	
			打不开	1. 污垢 2. 阀头接触面锈蚀 3. 加工不良	功能失效	不能运转	Ⅳ	
		过滤器	堵塞	1. 维修不良 2. 燃料质量欠佳 3. 过滤器结构不良	功能不全	运转时会出现问题	Ⅲ	
			溢流	1. 结构不良 2. 维修不良	功能不全	运转时会出现问题	Ⅲ	

编号	子系统名称	元件名称	故障类型	发生原因	影响		故障等级	备注
					燃料系统	柴油机		
1	燃料供给装置	燃料泵	泵膜有缺陷	1. 有洞 2. 有伤 3. 安装不良	功能失效	不能运转	Ⅳ	
			泵膜不能动作	1. 结构不良 2. 零件缺陷 3. 安装不良	功能失效	不能运转	Ⅳ	
		管路	泄漏	1. 材料不良 2. 焊接不良	功能不全	运转时会发生故障	Ⅲ	
			接头破损	1. 焊接不良 2. 零件不良 3. 安装不良	功能失效	不能运转	Ⅳ	
2	燃料压送装置	柱塞	泄漏	1. 间隙过大 2. 表面粗糙 3. 装配不良	功能不齐全	运转时会发生故障	Ⅲ	
			间隙过大	1. 检修缺陷 2. 加工不良 3. 材质不良 4. 装配不良 5. 维护不良	功能不齐全	运转时会发生故障	Ⅲ	
			咬住	1. 污垢 2. 装配缺陷 3. 间隙过小	功能失效	不能运转	Ⅳ	
			燃料回流不良	1. 柱塞沟加工不良 2. 污垢 3. 柱塞孔加工不良	功能不齐全	运转时会发生故障	Ⅱ	
		逆止阀	关不死	1. 污垢 2. 阀杆受伤 3. 弹簧断	功能不全	运转时会发生故障	Ⅲ	
			打不开	1. 阀材质不良 2. 阀杆咬住	功能失效	不能运转	Ⅳ	
		高压管	焊缝破裂	1. 焊接不良 2. 加工不良 3. 安装不良	功能失效	不能运转	Ⅳ	

柴油机燃料系统故障类型及等级表　　　　　　表 3-17

序号	项目名称	故障类型	影响	故障等级
1.2	逆止阀	打不开	系统不能运转	Ⅳ
1.4	燃料泵	泵膜有缺陷	系统不能运转	Ⅳ
		泵膜不能动作	系统不能运转	Ⅳ

序号	项目名称	故障类型	影响	故障等级
1.5	管路	接头破损	系统不能运转	IV
2.1	柱塞	咬住	系统不能运转	IV
2.2	逆止阀	打不开	系统不能运转	IV
2.3	高压管	焊缝破裂	系统不能运转	IV
3.1	针形阀	咬住	系统不能运转	IV
4.1	齿轮	不转动	系统不能运转	IV
4.2	轴承	咬住	系统不能运转	IV
4.3	驱动器	折断	系统不能运转	IV
5.1	调速机	摆动	系统不能运转	IV

四、致命度分析

(一) 致命度的定义

致命度分析 FMECA（Failure Modes Effects and Criticality Analysis）是把故障类型和影响分析从定性分析发展到定量分析，在系统进行故障类型和影响分析之后，对其中特别严重的故障类型（IV级，有时也针对III级）单独再进行详细分析。则形成了故障类型和影响、致命度分析。

致命度分析的目的在于评价每种故障类型的危险程度。通常采用概率-严重度来评价故障类型的致命度。概率是指故障类型发生的概率，严重度是指故障后果的严重程度。采用该方法进行致命度分析时，通常把概率和严重度分别划分为若干等级。例如，美国的杜邦公司把概率划分为 6 等级，危险程度划分为 3 个等级（见表 3-18 中注）。

【例 3-6】移动脚手架升降期的 FMECA 见表 3-18。

移动脚手架升降期的 FMECA 表 3-18

单元	构成因素	故障类型	故障所产生的影响	危险度	发生概率	检查方法	校正措施和注意事项
架体结构	钢管 扣件 承力架 剪刀撑	弯曲、锈蚀 锈蚀、裂缝 构件变形 变形	架体变形 扭力矩不够 内应力集中 架体变形	大 大 大 大	10^{-3} 10^{-3} 10^{-4} 10^{-5}	观测 观察 观察 目测	及时修理、防锈 及时补救、防锈 及时整改、防锈 及时调整
提升机构	提升梁 提升梁斜拉杆 电动葫芦 传感器	耳板焊缝裂 调节螺栓松 卡链、翻链 失灵	不能受力 提升梁倾斜 相邻机位加荷 链条顶紧无度	大 大 大 中	10^{-5} 10^{-4} 10^{-3} 10^{-3}	观察 扳手 观察 观察	及时修复 停止作业、拧紧 停止作业、矫正 更换、采取保护
防坠装置	防坠器 防坠制动杆 防坠挑梁 防坠梁拉杆	动作不灵敏 垃圾阻卡 借用承重梁 调节螺栓松	未及时锁住吊杆 误动作 动作不可靠 防坠梁倾斜	大 中 中 中	10^{-4} 10^{-4} 10^{-1} 10^{-4}	测试 观察 观察 扳手	及时修理、防雨 停止作业、修理 补装 调紧

单元	构成因素	故障类型	故障所产生的影响	危险度	发生概率	检查方法	校正措施和注意事项
防倾	防倾斜导轮 防倾导轨	导轮卡死 接头错位	提升阻力加大 卡住导轮	中 中	10^{-2} 10^{-1}	观察 观察	即时调整 马上调整
支撑拉结	承重托架 承力架斜拉杆 穿墙、铰链螺栓 拉杆调节螺栓	吊环焊缝裂 拉结不紧 松动 混凝土卡死	开裂不能承重 承力架倾斜 螺栓晃动 难以预紧	大 大 中 小	10^{-5} 10^{-4} 10^{-1} 10^{-3}	观察 扳手 扳手 扳手	修复、防锈 拧紧调节螺栓 用双螺母固定 清洁或更换
防护	脚手板 扶手杆、挡脚板 密目安全网	倾翻 松动 绑扎不平整	调入下一作业层 摇晃、坠落 高空坠物	中 中 中	10^{-1} 10^{-3} 10^{-2}	观察 观察 手拉	镀锌钢丝固定 重新固定 与钢管扎牢

注：1. 危险的重要程度：大（危险）；中（不安全）；小（可以忽视）。

2. 发生概率按容易程度分：非常容易发生的取 10^{-1}；容易发生的取 10^{-2}；偶尔发生的取 10^{-3}；不太发生的取 10^{-4}；几乎不发生的取 10^{-5}；很难发生的取 10^{-6}。

（二）致命度指数的计算

致命度指数按式（3-2）计算：

$$c_r = \sum_{i=1}^{n} (\alpha \cdot \beta \cdot K_A \cdot K_E \cdot \lambda_G \cdot t \cdot 10^6) \qquad (3-2)$$

式中　c_r——致命度指数。表示相应系统元件每 100 万次（或 100 万件产品中）运行造成系统故障的次数（或件数）；

n——元件的致命性故障类型总数；

i——致命性故障类型的第 i 个序号；

λ_G——元件单位时间或周期的故障率；

K_A——元件 λ_G 的测定值与实际运行条件强度修正系数；

K_E——元件 λ_G 的测定值与实际运动条件环境修正系数；

t——完成一项任务，元件运行的小时数或周期（次）数；

α——致命性故障类型与故障类型比，即 λ_G 中致命性故障类型所占的比例；

10^6——单位调整系数，将 c_r 值由每工作一次的损失换算为每工作 10^6 次的损失换算系数，经此换算后 $c_r>1$；

β——致命性故障类型发生并产生实际影响的条件概率，其值如表 3-19 所示。

致命性故障类型发生并产生实际影响的条件概率 β　　　表 3-19

故障影响	发生概率 β
实际丧失规定功能	$\beta=1.00$
很可能丧失规定功能	$0.1\leqslant\beta<1.00$
可能丧失规定功能	$0<\beta<0.1$
没有影响	$\beta=0$

（三）致命度分析表格形式

致命度分析所用的表格形式如表 3-20 所示。

系统名称　　　　　　　　　　　　　　　　　　　　　日期
子系统　　　　　　　　　　　　　　　　　　　　　　制表
　　　　　　　　　　　　　　　　　　　　　　　　　主管

1	致命故障			致命度计算									
	2	3	4	5	6	7	8	9	10	11	12	13	14
项目编号	故障类型	运行阶段	故障影响	项目数	K_A	K_E	λ_G	故障率数据来源	运转时间或周期	可靠性数据	α	β	c_{T}

致命度分析（或故障类型、影响及致命度分析）的正确性取决于两个因素：首先与分析者的水平有直接关系，要求分析者有一定实践经验和理论知识；其次则取决于可利用的信息，信息多少决定了分析的深度，如没有故障率数据时，只能利用故障类型发生的概率，用风险矩阵的方法分析，无法填写详细的致命度分析表。若所用的数据不可靠，则分析的结果必然有差错。

五、故障类型和影响分析的适用性分析

(一) 目的

1. 搞清楚系统或产品的所有故障类型及其对系统或产品功能以及对人、环境的影响。

2. 对可能发生的故障类型，提出可行的控制方法和手段。

3. 在系统或产品设计审查时，找出系统或产品中薄弱环节和潜在缺陷并提出改进意见，或定出应加强研究的项目，以提高设计质量，降低失效率或减少损失。

4. 必要时对产品供应列入特殊要求，包括设计、性能、可靠性、安全性或质量保证的要求。

5. 对于由协作厂提供的部件以及对于应当加强实验的若干参数需要制定严格的验收标准。

6. 明确提出何处应制定特殊的规程和安全措施，或设置保护性设备、检测装置或报警系统。

7. 为系统安全分析、预防维修提供有用的资料。

(二) 适用范围

故障类型和影响分析方法是一种自下而上的分析方法，在产品或系统的设计和研发阶段应该合理使用这种方法，尤其在详细设计阶段，因为系统设计已经细致到元器件层次，如果能获取每个元器件的故障概率，可以计算元器件的故障类型对整个系统的影响，从而可以确定是否进行设计变更，另外在此时发现问题及时修改所需费用还不算昂贵。

(三) 优点

1. 能够明确地表示出局部的故障将带给系统整体的影响，确定对系统安全性给予致命影响的故障部位。因此，对组成单元或子系统可靠性的要求更加明确，并且能够提出它

们的重要度。利用 FMEA 也很容易从逻辑上发现设计方面遗漏和疏忽的问题。

2. 能用定性分析法来判断可靠性和安全性的大小或优劣，并能提出问题和评价其重要度。

3. FMEA 法不仅用于产品设计、制造、可靠性设计等方面，还可以把设计和质量管理、可靠性管理等活动有机连接起来。因此，对系统规定评价是非常有利的。

4. 应用时，若把重要的故障类型忽略了，则所进行的分析，特别是所进行的预测将是徒劳无用的。所以，对重要故障类型不能忽略。

5. 为定量地进行系统安全性预测、评价和其他安全性研究提供一定的数据资料。

（四）所需资料

使用 FMEA 方法需要如下资料：（1）系统或装置的管道和仪表流程图（P&ID）；（2）设备、配件一览表；（3）设备功能和故障类型方面的知识；（4）系统或装置功能及对设备故障处理方法知识。

（五）注意事项

根据所了解的系统情况，一开始要决定分析到什么水平，这是一个很重要的问题。如果分析程度太浅，就会漏掉重要的故障类型，得不到有用的数据；如果分析的程度过深，一切都分析到元件甚至零部件，则会造成分析程序复杂，措施很难实施。通常，经过对系统的初步分析，就会知道哪些子系统关键，哪些子系统次要。对关键的子系统可以分析得深一些，不重要的分析得浅一些，甚至可以不进行分析。

对一些功能像继电器、开关、阀门、贮罐、泵等，都可当作元件对待，不必进一步分析。

第五节　危险性和可操作性研究

危险性和可操作性研究（Hazard and Operability Analysis，HAZOP）是英国帝国化学工业公司（ICI）于 1974 年开发的，用于热力-水力系统安全分析的方法。它应用系统的审查方法来审查新设计或已有工厂的生产工艺和工程总图，以评价因装置、设备的个别部分的误操作或机械故障引起的潜在危险，并评价其对整个工厂的影响。危险性和可操作性研究，尤其适合于类似化学工业系统的安全分析。

危险性和可操作性研究与其他系统安全分析方法不同，这种方法由多人组成的小组来完成。通常，小组成员包括各相关领域的专家，采用头脑风暴法（Brainstorming）来进行创造性的工作。

进行危险性和可操作性研究时，应全面、系统地审查工艺过程，不放过任何可能偏离设计意图的情况，分析其产生原因及其后果，以便有的放矢采取控制措施。

从生产系统中的工艺状态参数出发，运用启发性引导词来研究状态参数的变动，从而进行危险辨识，在此基础上分析危险可能导致的后果以及相应的控制措施。

一、危险性和可操作性研究基本概念和术语

（一）要素（Element）

系统一个部分的构成因素，用于识别该部分的基本特性。要素的选择取决于具体的应

用，包括所涉及的物料、正在开展的活动、所使用的设备等。物料应取其广义，包括数据、软件等。

（二）特性（Characteristic）

特性又称为工艺参数，是与生产工艺有关的物理或化学特性，一般性能如反应、混合、浓度、pH 值等；特殊性能如温度、压力、相态、流量等。

要素常通过定量或定性的特性做更明确的定义。例如，在化工系统中，"物料"要素可以进一步通过温度、压力和成分等特性定义。对于"运输活动"要素，可通过行驶速率或乘客数量等特性定义。对基于计算机的系统，信息（不是物料）可作为各部分的要素。定量和定性的特性见表 3-21。

定量和定性的特性 表 3-21

分类	特 性
定量	流量、温度、pH 值、时间、液位、频率、压力、速度、电压、黏度、浓度
定性	成分、混合、添加、分离、反应、信号、添加剂

（三）设计目的（意图）（Design intent）

工艺过程的正常操作条件，是设计人员期望或规定的各要素及特性的作用范围。一般情况下用文字或图表进行说明，对于所有系统：设计要求和描述、流程图、功能块图、控制图、电路图表、工程数据表、布置图、公用工程说明、操作和维护要求；对于过程流动系统：管道和仪表流程图（P&ID）、材料规格和标准设备、管道和系统的平面布置图；对于可编程的电子系统：数据流程图、面向对象的设计图、状态转移图、时序图、逻辑框图。

系统特定部分的设计目的可通过各种要素来表示，要素既代表了该部分的自然划分，也体现了该部分的基本特性。分析要素的选择在某种程度上是一种主观决定，为达到分析目的，可根据不同的应用目的选择不同的要素。要素可能是工艺程序中不连续的步骤或阶段，或是控制系统中的单独信号和设备元件，或是工艺过程或电子系统中的设备或零部件等。

（四）引导词（Guide word）

在危险源辨识的过程中，一种特定的用于描述对要素设计目的（意图）偏离的词或短语。危险性和可操作性研究的引导词包括基本引导词（见表 3-22）和与时间和先后顺序（或序列）相关的引导词（见表 3-23）。

基本引导词及其含义 表 3-22

引导词	含义	引导词	含义
无，空白（NO 或者 NOT）	设计目的的完全否定	部分（PART OF）	性质的变化/减少
多，过量（MORE）	量的增加	相反（REVERSE）	设计目的的逻辑取反
少，减量（LESS）	量的减少	异常（OTHER THAN）	完全替代
伴随（AS WELL AS）	性质的变化/增加		

引导词	含义	引导词	含义
早（EARLY）	相对于给定时间早	先（BEFORE）	相对于顺序或序列提前
晚（LATE）	相对于给定时间晚	后（AFTER）	相对于顺序或序列延后

（五）偏差（Deviation）

设计目的（意图）的偏离，在分析中运用引导词系统地审查要素的特性来发现偏离。偏差的形式表现为"引导词＋工艺参数"，如表 3-24 所示。不同类型的偏差和引导词及其示例见表 3-25。引导词－要素/特性组合在不同系统的分析中、在系统生命周期的不同阶段以及当用于不同的设计描述时可能会有不同的解释。

偏差示例　表 3-24

引导词	工艺参数	偏差	引导词	工艺参数	偏差
无	流量	无流量	伴随	一种相态	两种相态
多	压力	压力高	异常	运行	维修

偏差及其相关引导词的示例　表 3-25

偏离类型	引导词	过程工业实例
否定	无，空白（NO）	没有达到任何目的，如：无流量
量的改变	多，过量（MORE）	量的增多，如温度高
	少，减量（LESS）	量的减少，如温度低
性质的改变	伴随（AS WELL AS）	出现杂质 同时执行了其他的操作或步骤
性质的改变	部分（PART OF）	只达到一部分目的，如：只输送了部分流体
替换	相反（REVERSE）	管道中的物料反向流动以及化学逆反应
	异常（OTHER THAN）	最初目的没有实现，出现了完全不同的结果。如：输送了错误物料
时间	早（EARLY）	某事件的发生较给定时间早，如：冷却或过滤
	晚（LATE）	某事件的发生较给定时间晚，如：冷却或过滤
顺序或序列	先（BEFORE）	某事件在序列中过早的发生，如：混合或加热
	后（LATE）	某事件在序列中过晚的发生，如：混合或加热

（六）偏差原因（Deviation cause）

导致偏差产生的原因，通常是物的故障、人失误、意外的工艺状态（如成分的变化）或外界破坏等。

（七）偏差后果（Deviation consequence）

设计目的（意图）的偏离所造成的后果（如有毒物质泄漏等）。

（八）节点（Nodes）

在开展 HAZOP 分析时，为便于分析，可将复杂的工艺系统分成多个部分或子系统，并充分明确各部分的设计目的。每个部分或子系统称作一个"节点"。这样做可以将复杂的系统简化，也有助于分析团队集中精力参与讨论。各节点的设计意图应能充分定义。

所选节点的大小取决于系统的复杂性和危险的严重程度。为加快分析进程，复杂或高危险系统可分成较小的节点，简单或低危险系统可分成较大的节点。对于连续过程的节点划分考虑以下几个方面：（1）节点为流程的一部分，可能为工艺单元；（2）可以是一条线，也可以是一台设备；（3）也可以根据经验将一些管线和一些设备合并成一个节点；（4）可以根据功能将复杂设备分成不同节点；（5）应根据工艺的变化，划分不同的节点。对于间歇过程的节点可能为操作步骤。

节点描述：（1）起止范围：从哪里到哪里；（2）包括哪些管道和设备；如：从盛有物料 A 的供料罐到反应器之间的管道，包括泵。

设计目的（意图）：（1）输入什么；（2）做何处理；（3）输出什么；并可以用参数（温度、压力、流量、液位、组分等）的具体数值说明设计意图。

如：连续地把物料 A 从罐中输送到反应器，A 物料的输送速率（流量）应大于 B 物料的输送速率。

（九）偏差矩阵（Deviation matrix）

在实际应用中，将工艺参数与引导词的组合能形成有实际意义的偏差，构成一个偏差矩阵来进行使用。

引导词/要素的组合可视为一个矩阵，其中，引导词定义为行，要素定义为列，所形成的矩阵中每个单元都是特定引导词/要素的组合。矩阵中各单元的分析顺序有两种：一种是逐列，也就是要素优先；一种是逐行，也就是引导词优先。

二、危险性和可操作性研究分析步骤

（一）研究准备

1. 明确研究对象、目的和范围。进行危险性和可操作性研究时，对所研究的对象要有明确的目的。其目的是查找危险源，保证系统安全运行，或审查现行的指令、规程是否完善等，防止操作失误，同时要明确研究对象的边界、研究的深入程度等。

2. 建立研究小组。HAZOP 分析需要小组成员的共同努力，每个成员均有明确的分工。只要小组成员具有分析所需的相关技术、操作技能以及经验，HAZOP 小组应尽可能小。通常一个分析小组至少 4 人，很少超过 7 人。在系统生命周期不同阶段，适合HAZOP 分析的小组成员可能是不同的。

3. 资料收集。包括各种设计图纸、流程图、工厂平面图、等比例图和装配图，以及操作指令、设备控制顺序图、逻辑图或计算机程序，有时还需要工厂或设备的操作规程和说明书等。

4. 制定研究计划。在广泛收集资料的基础上，组织者要制定研究计划。在对每个生产工艺部分或操作步骤进行分析时，要计划好所花费的时间和研究的内容。

（二）HAZOP 分析

对生产工艺的每个部分或每个操作步骤进行分析时，应采取多种形式引导和启发各位专家，对可能出现的偏离及其原因、后果和应采取的措施充分发表意见。分析应沿着与分析主题相关的流程或顺序，并按逻辑顺序从输入到输出进行分析。分析顺序有两种："要素优先"和"引导词优先"，本书只从"要素优先"进行分析，见图 3-7。"要素优先"顺序可描述如下：

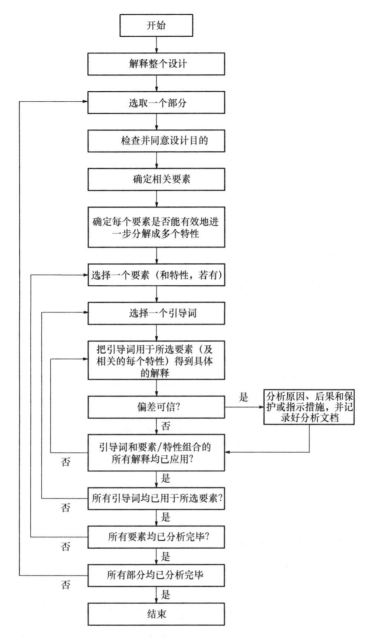

图 3-7　HAZOP 分析程序流程——"要素优先"顺序

1. 分析组长选择系统设计描述的某一部分（节点）作为分析起点，并做出标记。随后，解释该部分的设计目的，确定相关要素以及与这些要素有关的所有特性。

2. 分析组长选择其中一个要素，与小组商定引导词应直接用于要素本身还是用于该要素的单个特性。分析组长确定首先使用哪个引导词。

3. 将选择的引导词与分析的要素或要素的特性相结合，检查其解释，以确定是否有合理的偏差。如果确定了一个有意义的偏差，则分析偏差发生的原因及后果。有些应用中会发现，按照后果的潜在严重性或根据风险矩阵得到的相对风险等级对偏差进行分类是有用的。

4. 分析小组应识别系统设计中对每种偏差现有的保护、检测和显示装置（措施），这些保护措施可能包含在当前部分或者是其他部分设计目的的一部分。在识别危险或可操作性问题时，不应考虑已有的保护措施及其对偏差发生的可能性或后果的影响。

5. 分析组长应对记录员记录的文档结果进行总结。当需要进行相关后续跟踪工作时，也应记录完成该工作的负责人的姓名。

6. 对于该引导词的其他解释，重复上述 3～5 过程；然后依次将其他引导词和要素的当前特性相结合，进行分析；接着对要素的每个特性重复 3～5 过程（前提是对要素当前特性的分析达成了一致意见）；然后是对分析部分的每个要素重复 2～5 过程。一个部分分析完成后，应标记为"完成"。重复进行该过程，直到系统所有部分分析完毕。

引导词应用的另一种方法是将第一个引导词依次用于分析部分的各个要素。这一步骤完成后，进行下一个引导词分析，再一次把引导词依次用于所有要素。重复进行该过程，直到全部引导词都用于分析部分的所有要素，然后再分析系统下一部分。

三、危险性和可操作性研究工作表

工作表的版面设计各有不同，取决于它是手工的还是电子化的。手写完成的工作表通常包括表头和表列。表头中可包括下列信息：项目、分析对象、设计目的、分析的系统部分、小组成员、分析的图纸或文件、日期和页码等。

各列的标题可为以下各项：编号、要素、引导词、偏差、原因、后果和需要采取的措施。也可记录其他信息，如保护措施、严重程度、风险等级和注释等，见表 3-26。

危险性和可操作性研究分析表 表 3-26

引导词	要素	偏差	原因	后果	安全措施	建议措施

四、危险性和可操作性研究应用实例

【例 3-7】 假设一个简单的工厂生产过程，如图 3-8 所示。物料 A 和物料 B 通过泵连续地从各自的供料罐输送至反应器，在反应器中合成并生成产品 C。假定为了避免爆炸危险，在反应器中 A 总是多于 B。完整的设计描述将包括很多其他细节，如：压力影响、反应和反应物的温度、搅拌、反应时间、泵 A 和泵 B 的匹配性等，但为简化示例，这些因素将被忽略。工厂中待分析的部分用粗线条表示。

分析部分是从盛有物料 A 的供料罐到反应器之间的管道，包括泵 A。这部分的设计目的是连续地把物料 A 从罐中输送到反应器，A 物料的输送速率（流量）应大于 B 物料的输送速率。设计目的可通过表 3-27 给出。

设计目的 表 3-27

物料	活动	来源	目的地
A	输送（转移） （A 速率＞B 速率）	盛有物料 A 的供料罐	反应器

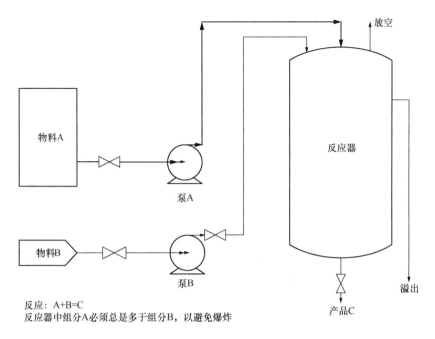

反应：A+B=C
反应器中组分A必须总是多于组分B，以避免爆炸

图 3-8　简化流程

　　将表 3-22 中列出的各个引导词（加上分析准备期间确定的其他引导词）依次用于这些要素，结果记录在 HAZOP 工作表中。"物料"和"活动"要素可能的 HAZOP 输出例子见表 3-28，其中，使用了"问题记录"样式，仅记录了有意义的偏差。在分析完与系统这部分相关的每个要素的每个引导词后，可以再选取另一部分（如：物料 B 的输送管路），重复该过程。最终，该系统的所有部分都会通过这种方式分析完毕，并对结果进行记录。

五、危险性和可操作性研究适用性分析

（一）目的

　　HAZOP 采用结构化和系统化方式分析给定系统，目的是：

　　1. 识别系统中潜在的危险。这些危险既包括与系统临近区域密切相关的危险，也包括一些影响范围更广的危险，如某些环境危害。

　　2. 识别系统中潜在的可操作性问题，尤其是识别可能导致各种事故的生产操作失误与设备故障。

（二）适用范围

　　HAZOP 技术最初是化学行业用来分析流体介质处理和物料输送中的安全问题所开发的技术。但是近几年，它的应用范围逐步扩大，例如：（1）软件应用，包括可编程电子系统；（2）人员输送系统，如公路、铁路；（3）检查不同的操作顺序和操作程序；（4）评价不同行业的管理程序；（5）评价特定的系统，如医疗设备。

　　HAZOP 尤其适用于识别系统（现有或拟建）的缺陷，包括物料输送、人员流动或数据传输，按预定工序运行的事件和活动或该工序的控制程序。HAZOP 还是新系统设计和开发所需的重要工具，也可以有效地用于分析一个给定系统在不同运行状态下的危险和潜

表 3-28

过程的 HAZOP 工作表示例

分析题目: 过程		表页: 1/2
图纸编号:	修订号:	日期: 1998 年 12 月 17 日
小组成员: 劳伦斯、狄克、艾略特、尼克、马科斯、贾斯汀		会订日期: 1998 年 12 月 15 日

分析部分: 从供料罐 A 到反应器的输送管道

设计目的: 物料: A　功能: 以大于物料 B 的输送速率连续输送

来源: 装有原料 A 的供料罐　目的地: 反应器

序号	引导词	要素	偏差	可能原因	后果	安全措施	注释	建议安全措施	执行人
1	无 NO	物料 A	无物料 A	A 供料罐是空的	没有 A 流入反应器；爆炸	无显示	情况不能被接受	考虑在 A 供料罐安装一个低液位低报警并加液位低/低流量锁停泵 B	马科斯
2	无 NO	输送物料 A（以大于输送 B 的速率）	没有输送物料 A	泵 A 停止；管路堵塞	爆炸	无显示	情况不能被接受	物料 A 流量报警器外加一个低流量报警以及 A 低流量时联锁停泵 B	贾斯汀
3	多 MORE	物料 A	物料 A 过量使罐溢出	当没有足够的容量时，向罐中加料	物料从罐中溢出到罐边界区域	无显示	备注: 可以通过对罐的检测加以识别	如果没有预先被识别出来，考虑高液位报警	艾略特
4	多 MORE	输送 A	输送过多；物料 A 流速增大	叶轮尺寸选错；泵选型不对	产量可能减少；产品中将含过量的 A	无		在试车时检测泵的流量和特性；修改试车程序	贾斯汀
5	少 LESS	物料 A	更少的 A	A 供料罐液位低	不适当的吸入压头；可能引起涡流并导致爆炸；流量不足	无	同 1，不可接受	同 1，在 A 供料罐安装一个低液位报警器	马克斯
6	少 LESS	输送物料 A（以大于输送 B 的速率）	A 的流速降低	管线部分堵塞；泄漏；泵工作不正常	爆炸	无显示	不可接受	同 2	贾斯汀

続表

分析题目：过程		修订号：	日期：1998年12月17日
图纸编号：			会议日期：1998年12月15日

小组成员：劳伦斯、狄克、艾略特、尼克、马科斯、贾斯汀

分析部分：从供料罐A到反应器的输送管道

设计目的：
物料：A　　功能：以大于物料B的输送速率连续输送
来源：装有原料A的供料罐　　目的地：反应器

序号	引导词	要素	偏差	可能原因	后果	安全措施	注释	建议安全措施	执行人
7	伴随 AS WELL AS	物料A	在供料罐中除了物料A还有其他流体物料	供料罐被污染	未知	所有罐车装的物料在卸人罐前应接受检查和分析	认为是可接受的	检查操作程序	劳伦斯
8	伴随 AS WELL AS	输送A	输送A的过程中，可能发生侵蚀、腐蚀、结晶或分解	根据更具体的细节，对每种潜在的可能都应该加以考虑					尼克
9	伴随 AS WELL AS	目的地反应器	外部泄漏	管线、阀门或密封泄漏	环境污染；可能爆炸	采用可接受的管道规范或标准	接受合格品	将能联锁跳车的流量传感器尽可能靠近反应器安装	狄克
10	相反 REVERSE	输送A	反向流动；原料从反应器流向供料罐	反应器压力高于泵出口压力	装有反应物料的供给料罐被回流的物料污染	无显示	情况不令人满意	考虑管线上安装一个止逆阀	马斯汀
11	异常 OTHER THAN	物料A	原料A异常；供料罐内物料不是A物料	供料罐内原料错误	未知。将取决于原料	在供给物料前对物料进行检验分析	情况可以接受		
12	异常 OTHER THAN	目的地反应器	外部泄漏；反应器无物料进入	管线破裂	环境污染；可能爆炸	管道完整性	检查管道设计	建议规定流量联锁跳车应有足够快的响应时间以阻止发生爆炸	马斯汀

在问题，如：开车、备用、正常运行、正常停车和紧急停车等。HAZOP 不仅能运用到连续过程，也可用于间歇和非稳态过程及工序，在间歇过程中，分析的对象将不再是管道，而应该是主体设备，如反应器等。根据间歇生产的特点，分成 3 个阶段（进料、反应、出料）对反应器加以分析。同时，在这 3 个阶段不仅要利用基本引导词确定工艺参数可能产生的偏差，还要考虑按与时间和先后顺序相关的引导词确定可能出现的偏差。

（三）与其他分析方法的关系

HAZOP 可以和其他可靠性分析方法联合使用，如：FMEA 和 FTA。这种联合使用方式可用于下列情况：

1. 当 HAZOP 分析明确表明设备某特定部分的性能至关重要，需要深入研究时，采用 FMEA 对该特定部分进行研究，有助于对 HAZOP 分析进行补充。

2. 在通过 HAZOP 分析完单个要素/单个特性的偏差后，决定使用 FTA 评价多个偏差的影响或使用 FTA 量化失效的可能性。

HAZOP 本质上是以系统为中心的分析方法，而 FMEA 是以元件为中心的分析方法。FMEA 由一个元件可能发生的故障开始，进而分析整个系统的故障后果，因此，FMEA 是从原因到后果的单向分析。HAZOP 分析的理念则不同，它是识别偏离设计目的的可能偏差，然后从两个方向进行分析，一个方向查找偏差的可能原因，一个方向推断其后果。

（四）HAZOP 的局限性

尽管已证明 HAZOP 在不同行业都非常有用，但该技术仍存在局限性，在考虑潜在应用时需要注意：

1. HAZOP 作为一种危险识别技术，它单独地考虑系统各部分，系统地分析每项偏差对各部分的影响。有时，一种严重危险会涉及系统内多个部分之间的相互作用。在这种情况下，需要使用事件树和故障树等分析技术对该危险进行更详细地研究。

2. 与任何识别危险与可操作性问题所用的技术一样，HAZOP 分析也无法保证能识别所有的危险或可操作性问题。因此，对复杂系统的研究不应完全依赖 HAZOP，而应将HAZOP 与其他合适的技术联合使用。在全面而有效的安全管理系统中，将 HAZOP 与其他相关分析技术进行协调使用是必要的。

3. 很多系统是高度关联的，某一系统产生某个偏差的原因可能源于其他系统。这时，仅在一个系统内采取适当的减缓措施可能不一定消除其真正的原因，事故仍会发生。很多事故的发生是因为一个系统内做小的局部修改时未预见到由此可能引发的另一系统的联锁效应。这种问题可通过从系统的一个部分的各种偏差对另一个部分的潜在影响进行分析得以解决，但实际上很少这样做。

4. HAZOP 分析的成功很大程度上取决于分析组长的能力和经验，以及小组成员的知识、经验和合作。

5. HAZOP 仅考虑出现在设计描述的部分，无法考虑设计描述中没有出现的活动和操作。

（五）特点

1. HAZOP 分析方法对新建装置和已投入运行的装置都适用。

2. HAZOP 分析是从生产系统中的工艺状态参数出发来研究系统中的偏差，运用启发性引导词来研究因温度、压力、流量等状态参数的变动可能引起的各种故障的原因、存在的危险以及采取的对策。

3. HAZOP 分析是故障类型和影响分析的发展。

4. HAZOP 分析方法与故障类型和影响分析，不需要更多的可靠性工程的专业知识，因而 HAZOP 分析易掌握。

5. HAZOP 分析研究的状态参数正是操作人员控制的指标，针对性强，利于提高安全操作能力。

6. 研究结果既可用于设计的评价，又可用于操作评价；既可用来编制、完善安全规程，又可作为可操作的安全教育材料。

7. HAZOP 在分析不同的分析系统时，虽然其应用原理不变，但分析的过程、方式和表达形式可以根据分析对象的实际不同而灵活变化。

（六）所需资料

所需资料包括以下项目：（1）项目或工艺装置的设计基础；（2）工艺描述；（3）管道和仪表流程图（P&ID）；（4）以前的危险源辨识或安全分析报告；（5）物料和热量平衡；（6）联锁逻辑图或因果关系表；（7）全厂总图；（8）设备布置图；（9）物质安全数据表（MSDS）；（10）设备数据表；（11）安全阀泄放工况和数据表；（12）工艺特点；（13）管道材料等级规定；（14）管道规格表；（15）操作规程和维护要求；（16）紧急停车方案；（17）控制方案和安全仪表系统说明；（18）设备规格书；（19）评价机构及政府部门安全要求；（20）类似工艺的有关工艺安全方面的事故报告。

所需最少资料清单包括：（1）项目或工艺装置的设计基础性资料；（2）工艺描述；（3）管道和仪表流程图（P&ID），工艺流程图（PFD）；（4）以前的危险源辨识或安全分析报告；（5）物料安全数据（MSDS）；（6）安全泄放装置的设计依据；（7）操作规程和维护要求；（8）评价机构及政府部门安全要求；（9）类似工艺的有关工艺安全方面的事故报告。

（七）注意事项

1. 应仔细考虑引导词的选择，如果引导词太具体可能会影响审查思路或讨论，如果引导词太笼统可能又无法有效地集中到 HAZOP 分析中。

2. 有些组合在既定系统的分析中可能没有意义，应不予考虑。应明确并记录所有引导词-要素/特性组合的解释。如果某组合在设计中有多种解释，应列出所有解释。另一方面，有时会出现不同的组合具有相同的解释。在这种情况下，应进行适当的相互参考。

3. 节点划分过大，分析对象关系复杂，难于理解，忽略、疏漏的问题较多；节点划分过小，节点过小重复讨论的问题较多，影响分析进度。

第六节　作业危害分析

作业危害分析（Job Hazard Analyses，JHA），又称作业安全分析，由美国葛玛利教授于 1947 年提出，是欧美企业长期在使用的一套较先进的风险管理工具之一，近年来逐步被国内企业所认识并接受，率先在石油化工企业导入使用，并收到良好的成效。它能有序地对存在的危害进行识别、评估和制定实施控制措施的过程。组织者可以指导岗位工人对自身的作业进行危害辨识和风险评估，仔细地研究和记录工作的每一个步骤，识别已有或者潜在的危害。然后对人员、程序、设备、材料和环境等隐患进行分析，找到最好的办法来减小或者消除这些隐患所带来的风险，以避免事故的发生。

一、作业危害分析基本概念

事先或定期对某项工作进行安全分析，识别危害因素，评价风险，并根据评价结果制定和实施相应的控制措施，达到最大限度消除或控制风险的方法。

（一）工作（Job）

"工作"（Job）的意义较近于职务（Occupation）。例如：某人的"工作"或"职务"是叉车司机、焊工、冲压工、汽车修理工或电工。在JHA中，"工作"这一词语指1项包含几个步骤的给定任务。在这一意义上，1件工作可能是在1台焊车上更换压缩空气筒；在1台冲压机上送入1盘钢带；在1辆车上安装新的回气管或更换日光灯上坏掉的镇流器。每一种职业要从事多项任务或工作。JHA计划的目标是分析工厂内每种职业的每项工作，以便拟订出安全工作规程。

（二）任务/作业（Task）

任务是工作的一部分，有一个具体的目的，而且是许多步骤的集合。例如：一个叉车司机典型的作业可能是操作叉车，或对叉车定期的检查保养，而基于防火的安全考虑，使用灭火器也可能是其作业之一。典型作业的三个顺序是：作业的开始；作业的实施；作业的结束。

（三）关键性作业（Critical Task）

当此操作不当时，即有可能造成重大人员伤亡、生产中断、财产或环境损失的作业。如：叉车作业为货仓的关键性作业，而金属冲压的关键性作业又有吊运、冲压操作、维修等关键性作业。

二、作业危害分析程序

（一）列出职务手册

执行JHA首要工作就是列出所属部门/班组的职务手册或岗位。例如冲压部门/班组有物料员、天车操作工、架模员、冲压工等。

（二）列出作业清单

依据职务手册列出作业清单，如顶位员有用手叉车运物料、顶位操作铆合机等任务/作业；移印员有操作移印机、清洗油杯、调节油墨、5S清理机台等任务/作业。

优先考虑以下作业活动：

1. 事故频繁或后果严重的作业；

2. 潜在严重伤害或职业病的作业；

3. 新增加作业（首次由操作人员或承包商人员实施的工作）；

4. 变更的作业；

5. 不经常进行的作业；

6. 无程序管理、控制非常规性（临时）的作业；

7. 有程序控制，但工作环境变化或工作过程中可能存在程序未明确的危害，如：可能造成人员伤害、有毒气体泄漏、火灾、爆炸等；

8. 可能偏离程序的常规作业；

9. 评估现有的作业；

10. 现场作业人员提出需要进行 JHA 的工作任务。

(三) 辨认出关键性作业

所谓关键性是相对的，应对关键性作业更多的复查。关键性少数原则：在所有工作中约有 20%～30% 作业，其重要性比较高，当其完成时即可达成 80% 的安全目标。

(四) 作业步骤的划分

选择作业活动之后，要将作业活动划分为若干步骤。每一个步骤都应是作业活动的一部分操作。步骤划分得不能太少、太泛，可能会因遗漏步骤而忽略危害；同时，步骤也不宜太多、太细，会导致重复危害；根据经验，一般作业活动的步骤不超过 10 项。

分解步骤时要注意以下几点：尽量用简洁的语言来描述，使用动词描述每一步骤（"提"、"拉"、"关"等）；每一个步骤都应体现出先后顺序，并给其编号；每一作业步骤应是"做什么"而不是"如何做什么"；在完整列出作业步骤前不要急于跳到"潜在的危险"一栏；每一个任务中又有关键性步骤；作业步骤应按实际作业步骤划分，佩戴防护用品、办理作业票等不必作为作业步骤分析。可以将佩戴防护用品和办理作业票等活动列入控制措施。

例如换灯泡，按照作业的开始（①搬梯子；②支好梯子）；作业的实施（③上梯子；④换灯泡；⑤下梯子）；作业的结束（⑥梯子放回原处）。高处作业人员使用工具箱中的扳手，步骤：①打开工具箱盖，②取出扳手，③扣上工具箱盖，④使用扳手，⑤打开工具箱盖，⑥放回扳手，⑦扣好工具箱盖。

(五) 危害辨识

根据对作业活动的观察、掌握的事故（伤害）的资料以及经验，依照危害辨识清单依次对每一步骤进行危害的辨识，辨识的危害列入表中。

对于每一步骤都要问可能发生什么事，给自己提出问题，比如操作者会被什么东西打着、碰着；他会撞着、碰着什么东西；操作者会跌倒吗；有无危害暴露，如毒气、辐射、焊光、酸雾等。危害导致的事件发生后可能出现的结果及其严重性也应识别。然后识别现有安全控制措施，进行风险评估。如果这些控制措施不足以控制此项风险，应提出建议的控制措施。统观对这项作业所作的识别，规定标准的安全工作步骤。最终据此制定标准的安全操作程序。

1. 识别各步骤潜在危害时，可以按下述问题提示清单提问

(1) 身体某一部位是否可能卡在物体之间？

(2) 工具、机器或装备是否存在危害因素？

(3) 从业人员是否可能接触有害物质？

(4) 从业人员是否可能滑倒、绊倒或摔落？

(5) 从业人员是否可能因推、举、拉、用力过度而扭伤？

(6) 从业人员是否可能暴露于极热或极冷的环境中？

(7) 是否存在过度的噪声或振动？

(8) 是否存在物体坠落的危害因素？

（9）是否存在照明问题？

（10）天气状况是否可能对安全造成影响？

（11）存在产生有害辐射的可能吗？

（12）是否可能接触灼热物质、有毒物质或腐蚀物质？

（13）空气中是否存在粉尘、烟、雾、蒸汽？

以上仅为举例，在实际工作中问题远不止这些。

2. 还可以从能量和物质的角度做出提示

其中从能量的角度可以考虑机械能、电能、化学能、热能和辐射能等。机械能可造成物体打击、车辆伤害、机械伤害、起重伤害、高处坠落、坍塌、放炮、火药爆炸、瓦斯爆炸、锅炉爆炸、压力容器爆炸。热能可造成灼烫、火灾。电能可造成触电。化学能可导致中毒、火灾、爆炸、腐蚀。从物质的角度可以考虑压缩或液化气体、腐蚀性物质、可燃性物质、氧化性物质、毒性物质、放射性物质、病原体载体、粉尘和爆炸性物质等。

作业危害分析的主要目的是防止从事此项作业的人员受伤害，当然也不能使他人受到伤害，不能使设备和其他系统受到影响或受到损害。分析时不能仅分析作业人员工作不规范的危害，还要分析作业环境存在的潜在危害，即客观存在的危害更为重要。工作不规范产生的危害和工作本身面临的危害都应识别出来。我们在作业时常常强调"三不伤害"，即不伤害自己，不伤害他人，不被别人伤害。在识别危害时，应考虑造成这三种伤害的危害。

（六）危害控制

危害辨识后，需要制定消除或控制危害的对策。一般从以下四个方面考虑：

1. 消除或替代危害。消除危害是最有效的措施。确定如何把危害全部消除，或者用一种较低危害的物质代替。

2. 工程控制。当危害不能消除时，确定哪些工程控制可以减少危害或消除和危害之间的接触，如设置挡板、安装防护装置或设置联锁装置等。

3. 管理控制。确定哪些行政控制可以减少和危害之间的接触，如定义操作规范、使用许可制度、轮岗、培训、使用安全标识等。

4. 个人防护用品。当以上方法无法完全消除或控制危险源时，确定哪些个人防护用品可以在人员和危害之间建立屏障，如使用耳塞减少噪声伤害、使用安全鞋来保护脚、使用安全帽、安全带等。

三、作业危害分析表

JHA工作表必须至少包含以下三大内容：基本的工作步骤；潜在的危害；建议的措施或程序。JHA工作表还可以尽量包含以下信息：分析人、分析所在的工作地点、主管名字、分析日期、表格编号等。基本样式如表3-29所示。

作业危害分析表 表3-29

序号	工作步骤	危害	控制措施

四、作业危害分析应用实例

【例3-8】职务：磨具维修员；任务：打磨工件；地点：金属模房。

任务描述：员工走到金属模房用简易砂轮机的右边，拿起一根15磅的工件进行打磨，每小时打磨20～30根工件。

任务分解：第一步，走到金属模房简易砂轮机的右边，拿起工件准备打磨；第二步，把工件拿到砂轮上磨掉毛刺；第三步，将磨好的工件放入左边的盒子里。

根据任务或每个步骤进行提问、讨论：

Q：将会产生怎么样的错误？

A：操作员的手可能会接触到运转的砂轮表面。

Q：将会产生怎么样的结果？

A：最严重的结果是手被刮伤或失去手指。

Q：这种事情会是怎么样发生的？

A：事情可能是这样的，在打磨过程中，操作员突然想清理一下周围的物品，而未关停机器，手无意中弄到飞转的砂轮上被刮伤，明显的如果机器不是运转的话手不会受伤。

Q：还有其他的情形或因素会导致这样的事情发生吗？

A：如果砂轮缺乏防护罩或防护罩设置不当将更容易导致事故的发生。

将上面所有观察讨论出来的结果填入对应的表格栏目，如表3-30所示。

打磨工件作业危害分析表　　　　　　　　　　表3-30

工作地点：金属模房	分析员：小王	分析日期：2015年9月10日

任务描述：员工走到金属模房用简易砂轮机的右边，拿起一根15磅的工件进行打磨，每小时打磨20～30根工件。

工作步骤	危险描述	危害控制方法
走到金属模房简易砂轮机的右边，拿起工件准备打磨	拿工件时，未拿稳，工件掉落砸伤脚；工件越重拿的越高，受伤将越严重	1. 穿钢头安全鞋 2. 提供能更好抓紧工件的手套 3. 使用夹具拿工件
把工件拿到砂轮上磨掉毛刺	手被工件上的毛刺刺（割）伤	1. 用夹具拿工件 2. 戴防割手套
将磨好的工件放入左边的盒子里	工件重，弯腰时造成肌肉损伤	1. 将工件放置于砂轮机器附近的工作台上，尽量减少弯腰抬高动作；理论上放置在齐腰高度或放在专用能调节高度的爪盘上最合适 2. 培训员工徒手搬运物品的方法

【例3-9】作业活动内容：从储罐顶部人孔进入，清理化学物质储罐的内表面。要求：分析作业可能产生的危害。分析：九个步骤，分析结果见表3-31。

工作岗位：＿＿＿＿＿＿　　　　工作任务：化学品罐内表面清洗

分析人员：＿＿＿＿＿＿　分析日期：＿＿＿＿＿＿　审核人：＿＿＿＿＿＿　审核日期：＿＿＿＿＿＿

序号	工作步骤	危　　害	控制措施
1	确定罐内状况	1. 爆炸性气体； 2. 氧气浓度不足； 3. 化学品暴露。刺激性、有毒气体、粉尘或蒸气；刺激性、有毒、腐蚀性、高温液体刺激性、腐蚀性固体； 4. 转动的叶轮或设备	制定限制性空间进入程序； 办理由安全、维修和领班签署的工作许可证； 做空气分析试验、通风至氧气浓度为 19.5％～23.5％、可燃气体浓度小于爆炸下限的 10％（与国内标准不同，国内标准分为两类）； 可能需要蒸煮储罐内表面，冲洗并排出废水，然后再如前所述通风； 佩戴合适的呼吸装备——压缩空气呼吸器或长管呼吸器； 穿戴个体防护服； 携带吊带和救生索； 如有可能，应从罐外清洗储罐
2	选择培训操作人员	1. 操作员有呼吸系统疾病或心脏病； 2. 其他身体限制； 3. 操作员未经培训，无法完成任务	由工业卫生医师检查是否适于工作； 培训作业人员； 演练
3	装配设备	1. 软管、绳索、设备——绊倒危险； 2. 电气——电压太高，导体裸露； 3. 马达——未闭锁，未挂警示牌	按序摆放软管、绳索、缆绳和设备，留出安全机动的空间； 使用接地故障断路器； 如果有搅拌马达，则闭锁并挂警示牌
4	在罐内架设梯子	梯子滑动	牢牢地绑到人孔顶端或刚性结构上
5	准备进罐	罐内有气体或液体	通过储罐原有管线倒空储罐； 回顾应急程序； 打开储罐； 由工业卫生专家或安全专家查看工作现场； 在接到储罐的法兰上加装盲板； 检测罐中空气（用长探头检测器）
6	在储罐进口处架设设备	绊倒或跌倒	使用机械操纵的设备； 在罐顶工作位置周围安装栏杆
7	进罐	1. 梯子——绊倒危险； 2. 暴露于危险性环境	针对所发现的状况提供个体防护装备； 派罐外监护人，指令并引导操作员进罐，监护人应有能力在紧急状况下从罐中拉出操作员

序号	工作步骤	危　害	控制措施
8	清洗储罐	与化学品的反应，引起烟雾或是空气污染物释放出来	为所有作业人员和监护人提供防护服和防护装备； 提供罐内照明（Ⅰ级，Ⅰ组）； 提供供气通风； 向罐内提供空气； 经常检测罐内空气； 替换操作员或提供休息时间； 如需要，提供求助用通信手段； 安排两人随时待命，以防不测
9	清理	操纵设备，导致受伤	演练； 使用工具操纵的设备

以上案例由美国职业安全健康管理局编制，未作风险评价。我们可以从中体会到国外危害识别的思路。

【例3-10】更换撒气轮胎，并结合控制措施写出标准操作规程。分析结果见表3-32。

作业危害分析记录表 表3-32

工作任务：更换撒气轮胎　　　　　　工作岗位：_____

分析人员：_____　　　　　　　日　　期：_____

序号	工作步骤	危　害	控制措施
1	停车	过往车辆太近	将车开到远离交通的地方，打开应急闪光灯
		停车地面松软不平	选择牢固平整的地方
		可能向前或向后跑车	刹车、挂挡、在车轮前后斜对着撒气轮胎放垫块
2	搬备用轮胎和工具箱	因搬备用轮胎站位不当	将备用轮胎转入车轮凹槽正上位，两腿站立尽可能靠近轮胎，从车上举起备用轮胎并滚至漏气轮胎处
3	撬下轮毂帽、松开突耳螺栓	轮毂帽可能崩出	撬轮毂帽平稳用力
		耳柄扳手可能滑动	耳柄扳手大小适合，缓慢平稳用力
……	……	……	……

由上述工作危害分析例3-10写成的标准操作规程如下：

1. 停车

（1）即便轮胎瘪了，也要慢慢开车，离开道路，开到远离交通的地方。打开应急闪光灯提示过往司机，过往车辆就不会撞你。

（2）选择坚实平整的地方，这样就可以用千斤顶将车顶起而不至于跑车。

（3）刹车挂挡，在车轮的前后防止垫块，这些措施可以防止跑车。

2. 取备用轮胎和工具箱

为避免腰背扭伤，朝上转动备用轮胎，转至轮槽的正上位。站位尽可能靠近备用轮胎主体，并滑动备用轮胎，使轮胎靠近身体，搬出并滚至撒气轮胎处。

3. 撬下轮毂帽松下突耳螺栓（螺帽）

（1）稳定用力，慢慢撬下轮毂帽，防止轮毂帽崩出伤人；

（2）使用恰当的长柄扳手，稳定用力，慢慢卸下突耳螺栓（螺帽）。这样扳手就不会滑动，伤不着你的关节了。

4. 如此往下编写……

【例 3-11】起重作业危害分析。分析结果见表 3-33。

起重作业危害分析记录表

表 3-33

作业单位		JHA 组长		分析人员	

工作任务简述：起重作业

□是否新工作任务　□是否交叉作业　□是否有作业许可证
□是否有相关操作规程　□是否有特种作业人员资质证明

工作步骤	危害描述	后果及影响	现有控制措施	建议改进措施
吊车就位、打腿	起重机倒塌	人员受伤	操作人员持证上岗	执行承包商管理程序
选择吊索、吊具	索具断裂损坏	高空坠物	吊装前进行安全技术交底	制定施工措施或施工方案并检查
司索捆绑与试吊	物件滑脱	高空坠物	培训、操作规程	
起吊	重物从人或设备上通过，发生碰撞	高空坠物砸伤人员或设备	培训、操作规程	周边隔离措施
放置吊物	方法不准确	砸伤人员或设备	培训、操作规程	

五、作业危害分析适用性分析

（一）目的

（1）识别工作现场的危害；（2）确定各种危害的风险；（3）研究消除危害的方法；（4）制定相关的操作程序；（5）提高工人的安全意识。

（二）适用范围

JHA 主要用来进行设备设施安全隐患、作业场所安全隐患、员工不安全行为隐患等的有效识别。适用于涉及手工操作的各种作业进行定性风险分析。

（三）优点

（1）是一种半定量评价方法；（2）简单易行，操作性强；（3）分解作业步骤，比较清晰；（4）有别于掌握每一步骤的危险情况，不仅能分析作业人员不规范的危害，而且能分析作业现场存在的潜在危害（客观条件）；（5）结果可以确定为操作程序或安全操作规范。

（四）注意事项

1. 让员工参与危害分析。员工参与进行危害分析是很重要的。他们对工作有独特的理解，这种知识对于找出危害是无价的。员工参与危害分析将使失误降到最小，确保一个高质量的危害分析，并且让员工提出解决问题的方案，因为他们将会分享他们的安全健康程序的主人翁精神。

2. 回顾历史事故。和员工一起回顾工作现场的历史事故和职业病，需要维修或取代的损失，未遂事件，就算是那些事故或损失没有发生但实际存在的。这些事件显示了现在对危害的控制是不足够的而且是应给予更多的防护。

3. 参考现成的工作程序。如果这项工作已经建立了程序，则应先参考之。

4. 所有职位都必须进行危害分析。

5. 做好危害分析前的培训工作。

6. 做好资料的收集。

第七节　事件树分析

事件树分析（Event Tree Analysis，ETA）是由决策树演化而来的，最初是用于可靠性分析。事件树分析是从一个初始事件开始，按顺序分析事件向前发展中各个环节成功与失败的过程和结果。任何一个事故都是由多环节事件发展变化形成的。在事件发展过程中出现的环节事件可能有两种情况：或者成功或者失败。如果这些环节事件都失败或部分失败，就会导致事故发生。从而定性与定量评价系统的安全性，并由此获得正确的决策。

一、事件树分析基本概念

（一）初始事件

初始事件是事件树中在一定条件下造成事故后果的最初原因事件。

（二）环节事件

所谓环节事件就是出现在初始事件后可能造成事故后果的一系列其他原因事件。

（三）后果事件

由于初始事件和环节事件的发生或不发生所产生的不同结果。

事件树的初始事件可能来自系统的内部失效或外部的非正常事件。在初始事件发生后相继发生的环节事件一般是由系统的设计、环境的影响和事件的发展进程所决定的。

二、事件树分析的基本原理

事件树最初用于可靠性分析，它是用元件的可靠性表示系统可靠性的系统分析方法之一。其基本原理是每个系统都是由若干个元件组成的，每一个元件对规定的功能都存在具有和不具有两种可能。元件具有其规定的功能，表明正常（成功），其状态值为1；不具有规定功能，表明失效（失败），其状态值为0。按照系统的构成顺序，从初始元件开始，由左向右分析各元件成功与失败两种可能，将成功作为上分支，失败作为下分支，直到最后一个元件为止。分析的过程用图形表示出来，就得到水平放置的树形图。

通过事件树分析，可以把事故发生发展的过程直观地展现出来，如果在事件（隐患）发展的不同阶段采取恰当措施阻断其向前发展，就可达到预防事故的目的。

三、事件树分析的步骤

1. 确定系统、熟悉系统。明确系统、子系统的边界范围以及各部件的相互关系。

2. 确定初始事件。一般是选择分析人员最感兴趣的异常事件作为初始事件。如系统故障、设备失效、人员误操作或工艺过程异常等。

3. 找出与初始事件有关的环节事件。

4. 画事件树。根据因果关系及状态，从初始时间开始由左向右展开。把初始事件写在最左边，各个环节事件按顺序写在右面；从初始事件画一条水平线到第一个环节事件，在水平线末端画一垂直线段，垂直线段上端表示成功，下端表示失败；再从垂直线两端分别向右画水平线到下个环节事件，同样用垂直线段表示成功和失败两种状态；依次类推，直到最后一个环节事件为止。如果某一个环节事件不需要往下分析，则水平线延伸下去，不发生分支，如此便得到事件树。

5. 事件树的简化。简化原则：1）失败率极低的系统可以不列入事件树中；2）当系统已经失败，从物理效果看在其后继的各系统不可能减缓后果时，或其后继系统已由于前置系统的失败而同时失败，则以后的系统不再分支。

6. 进行定量计算。针对所建事件树，分析和计算初始事件和环节事件的发生概率及各事件之间的相互依赖关系，然后根据已知的初始事件和环节事件的概率定量计算后果事件的概率。

7. 说明分析结果。在事件树最后面写明由初始事件引起的各种事故结果或后果。为清楚起见，对事件树的初始事件和各环节事件用不同的字母加以标记。

四、事件树分析的定量分析

定量计算就是计算后果事件（每个分支）发生的概率。定量分析主要步骤：

（一）确定初始事件和环节事件的概率

为了计算这些分支的概率，首先要确定每个环节事件的概率。初始事件和环节事件的概率可以通过事故树分析、统计方法或专家估计法得出。

（二）计算后果事件的概率

如果各事件相互独立或者可以近似认为相互独立，则后果事件概率是导致它发生的初始事件和环节事件发生（或不发生）概率的乘积。如果各事件之间不是相互独立的，则必须考虑各事件发生的条件概率。

五、事件树分析工作表

事件树分析工作表通常包括以下信息：初始事件、环节事件、后果事件、各事件概率，见图3-9。

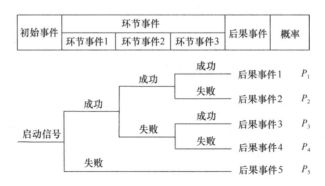

图3-9 事件树图与事件树工作表

六、事件树分析应用实例

【例3-12】以某一简单的物料输送系统为例,说明事件树的建造方法。

有一台泵和两个阀门串联组成的系统如图3-10所示,物料沿箭头方向顺序经过泵A、阀门B和阀门C。这是一个三因素(元件)串联系统,在这个系统里有三个节点,因素(元件)A、B、C都有成功或失败两种状态。根据系统实际构成情况,所建造的树的根是初始条件——泵的节点,当泵A接受启动信号后,可能有两种状态:泵启动成功或启动失败。从泵A的节点处,将成功作为上分支、失败作为下分支,画出两个树枝。同时,阀门B也有两种状态,成功或失败,将阀门B的节点分别画在泵A的成功状态与失败状态分支上,再从阀门B的两个节点分别画出两个分支,上分支表示阀门B成功,下分支表示失败。同样阀门C也有两种状态,将阀门C的节点分别画在阀门B的4个分支上,再从其节点上分别画出两个分支,上分支表示成功,下分支表示失败(如果事故发展过程中包括有n个相继发生的事件,则系统一般总计有2^n条可能发展途径,即最终结果有2^n个)。这样就建造成了这个物料输送系统的事件树,如图3-11所示。

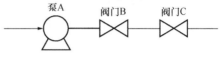

图3-10 串联物料输送系统

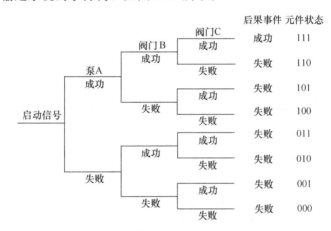

图3-11 串联物料输送系统的事件

根据事件树的简化原则2),图3-11事件树可简化为图3-12串联物料输送系统的简化事件树。

从图3-12中可以看出,只有泵A和阀门B、C均处于正常状态(111)时,系统才正常运行,而其他三种情况(110)、(10),(0)均为系统失效状态。

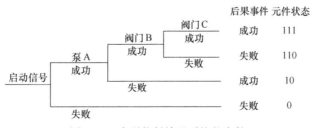

图3-12 串联物料输送系统的事件

如果各个环节事件的可靠度已知，根据事件树就可以求得系统的可靠度。若泵 A 和阀门 B、C 的概率分别为 R_A、R_B、R_C，则系统的概率 R_S 为 A、B、C 均处于成功状态时即 (111) 时的概率，即三事件的积事件概率。

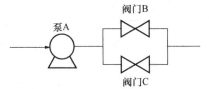

图 3-13 并联物料输送系统

$$R_S = R_A R_B R_C \qquad (3-3)$$

系统的失败概率，即不可靠度 F_S 为：

$$F_S = 1 - R_S \qquad (3-4)$$

如果改变一下图 3-10 物料输送系统的结构，将串联阀门 B、C 改为并联，将阀门 C 作为备用阀。当阀门 B 失效时，阀门 C 开始工作，其系统如图 3-13 所示。变更后的系统的事件树则如图 3-14 所示。

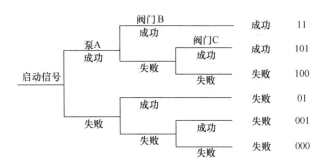

图 3-14 并联物料输送系统的事件

根据事件树的简化原则 2)，图 3-14 事件树可简化为图 3-15 并联物料输送系统的简化事件树。

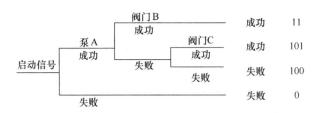

图 3-15 并联物料输送系统的事件

从图 3-15 事件树看出，各元件状态组合为 (11) 和 (101) 时，系统处于正常状态。其余两种情况，系统处于失效状态。这样，就可以从上述结果求得阀门并联系统的可靠度。

$$R_S = R_A R_B + R_A (1 - R_B) R_C \qquad (3-5)$$

系统的失败概率，即不可靠度 F_S 为：$F_S = 1 - R_S$

显然，阀门并联的系统可靠度比阀门串联的系统大得多。

【例 3-13】以氧化反应釜缺少冷却水事件为初始事件，相关的安全功能如下：

(1) 当温度达到 T_1 时，高温报警器提醒操作者；(2) 操作者增加供给反应釜冷却水；

(3) 当温度达到 T_2 时，自动停车系统停止氧化。绘出该过程的事件树如图 3-16 所示。

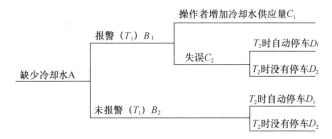

图 3-16　氧化反应釜缺少冷却水事件树

若所有元件和任务成功的概率均为 0.99，系统的成功概率和失败概率计算如下：

$$P(S) = P(B_1) \cdot P(C_1) + P(B_1) \cdot F(C_1) \cdot P(D_1) + F(B_1) \cdot P(D_1)$$

$$= 0.99 \times 0.99 + 0.99 \times (1-0.99) \times 0.99 + (1-0.99) \times 0.99 = 0.9998$$

$$F(S) = 1 - P(S) = 1 - 0.9998 = 0.0002$$

【例 3-14】行人欲过马路。就某一段马路而言，可能有车来往，也可能无车通行。当无车时过马路，当然会顺利通过；若有车，则看行人是在车前通过还是在车后通过。若在车后过，当然也会顺利通过；若在车前过，则看行人是否有充足的时间。如果有，则不会出现车祸，但很冒险；如果没有，则看司机是否采取紧急制动措施或避让措施。若未采取措施必然会发生撞人事故，导致人员伤亡；若采取措施，则取决于制动或退让是否奏效。奏效，则人幸免于难；失败，则必造成人员伤亡。其事件树如图 3-17 所示。

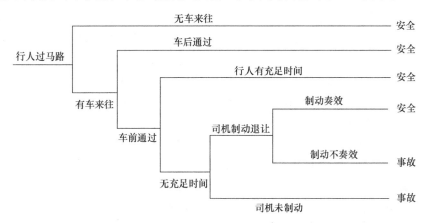

图 3-17　行人过马路事件树

七、事件树分析适用性分析

(一) 目的

1. 判断事故发生与否，以便采取直观的安全措施；

2. 指出消除事故的根本措施，改进系统的安全状况；

3. 从宏观角度分析系统可能发生的事故，掌握事故发生的规律；

4. 找出最严重的事故后果，为确定事故树的顶事件提供依据。

（二）适用范围

设计时找出适用的安全装置，操作时发现设备故障及误操作导致的事故。主要应用于：（1）搞清楚初始事件到事故的过程，系统地图示出种种故障与系统成功、失败的关系；（2）提供定义事故树顶事件的手段；（3）可用于事故分析。

（三）优点

1. 简单易懂，启发性强；

2. 逻辑严密，判断准确，能找出事故发展规律；

3. 既可以定性分析，又可以定量分析。

（四）所需资料

有关初始事件和各种安全措施的知识。

（五）注意事项

1. 应适当地选定初始事件：在选择时，重点应放在对系统的安全影响最大、发生频率最高的事件上；

2. 逻辑思维要首尾一贯，无矛盾，有根据；

3. 要注意人的不安全因素，否则会得到错误结果。

第八节　事　故　树　分　析

事故树分析法（Fault Tree Analysis，FTA）是安全系统工程中常用的一种分析方法。1961 年，美国贝尔电话研究所的维森（H. A. Watson）在研究民兵式导弹发射控制系统的安全性评价中首先提出了 FTA，用它来预测导弹发射的随机故障概率。接着，美国波音飞机公司的哈斯尔（Hassle）等人对这个方法又作了重大改进，并采用电子计算机进行辅助分析和计算。1974 年，美国原子能委员会应用 FTA 对商用核电站进行了风险评价，发表了拉斯姆逊报告（Rasmussen Report），引起世界各国的关注。

目前事故树分析法已从宇航、核工业进入一般电子、电力、化工、机械、交通等领域，它可以进行故障诊断、分析系统的薄弱环节，指导系统的安全运行和维修，实现系统的优化设计。近年来，已经开发了多种功能的软件包（如美国的 SETS 和德国的 RISA）进行 FTA 的定性与定量分析，有些 FTA 软件已经通用和商品化。

事故树分析至今仍处在发展和完善中。目前，事故树分析在自动编制、多状态系统 FTA、相依事件的 FTA、FTA 的组合爆炸、数据库的建立及 FTA 技术的实际应用等方面尚待进一步分析研究，以求新的发展和突破。

一、事故树的基本结构

事故树的基本结构如图 3-18 所示。在事故树中，各事件之间的基本关系是因果逻辑关系，通常用逻辑门表示。事故树中以逻辑门为中心，其上层事件是下层事件发生后导致的结果，成为输出事件；下层事件是上层事件的原因，成为输入事件。所研究的特定事故被绘制在事故树的顶端，称为顶事件。导致顶事件发生的最初的原因事件绘制于事故树下部的各分支的终端，称为基本事件。处于顶事件和基本事件中间的事件称为中间事件，既是造成顶事件的原因，又是由基本事件产生的结果。

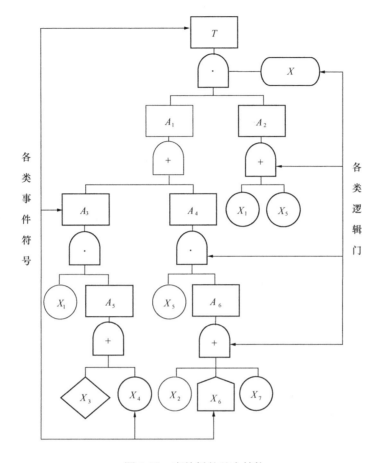

图 3-18　事故树的基本结构

二、事故树的符号及其意义

（一）事件符号

在事故树分析中，各种非正常状态或不正常情况皆称事故事件，各种完好状态或正常情况皆称成功事件，两者均简称事件。事故树中的每一个节点都表示一个事件。事件符号包括矩形符号、圆形符号、菱形符号、房形符号和椭圆形符号。

1. 矩形符号

矩形符号表示结果事件。结果事件是由其他事件或事件组合所导致的事件，它总是位于某个逻辑门的输出端。用矩形符号表示结果事件，如图 3-19（a）所示。结果事件分为顶事件和中间事件。

（1）顶事件。是事故树分析中所关心的结果事件，位于事故树的顶端，总是所讨论事故树中逻辑门的输出事件而不是输入事件，即系统可能发生的或实际已经发生的事故结果。

（2）中间事件。是位于事故树顶事件和基本事件之间的结果事件。它既是某个逻辑门的输出事件，又是其他逻辑门的输入事件。

2. 圆形符号

圆形符号表示基本事件，它表示导致顶事件发生的最基本的或不能再向下分析的原因或缺陷事件，如图 3-19（b）所示。

3. 菱形符号

菱形符号表示省略事件，即表示没有必要进一步向下分析或其原因不明确的原因事件。另外，省略事件还表示二次事件，即不是本系统的原因事件，而是来自系统之外的原因事件，用图 3-19（c）中的菱形符号表示。

4. 房形符号

房形符号表示正常事件。它是在正常工作条件下必然发生或必然不发生的事件，用图 3-19（d）中的房形符号表示。

5. 椭圆形符号

椭圆形符号表示条件事件。是限制逻辑门开启的事件，用图 2-19（e）中的椭圆形符号表示。

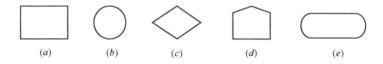

图 3-19　事件符号

（a）矩形符号；（b）圆形符号；（c）菱形符号；（d）房形符号；（e）椭圆形符

（二）逻辑门符号

逻辑门是连接各事件并表示其逻辑关系的符号，主要包括与门、或门、条件与门、条件或门以及禁门。

1. 与门符号。与门可以连接数个输入事件 E_1、E_2，$\cdots$，E_n 和一个输出事件 E，表示仅当所有输入事件都发生时，输出事件 E 才发生的逻辑关系。与门符号如图 3-20（a）所示。

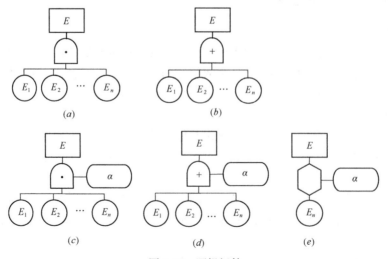

图 3-20　逻辑门符

（a）与门符号；（b）或门符号；（c）条件或门符号；（d）条件或门符号；（e）禁门符号

2. 或门符号。或门可以连接数个输入事件 E_1，E_2，…，E_n 和一个输出事件 E，表示至少一个输入事件发生时，输出事件 E 就发生。或门符号如图 3-20（b）所示。

3. 条件与门。表示输入事件不仅同时发生，而且还必须满足条件 A，才会有输出事件发生。条件与门符号如图 3-20（c）所示。

4. 条件或门。表示输入事件中至少有一个发生，在满足条件 A 的情况下，输出事件才发生。条件或门符号如图 3-20（d）所示。

5. 禁门。表示仅当条件事件发生时，输入事件的发生方导致输出事件的发生。禁门符号如图 3-20（e）所示。

（三）转移符号

转移符号如图 3-21 所示。转移符号的作用是表示部分事故树图的转入和转出。当事故树规模很大或整个事故树中多处包含有相同的部分树图时，为了简化整个树图，便可用转出 ［图 3-21（a）］ 和转入符号 ［图 3-21（b）］。

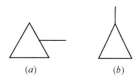

图 3-21　转移符号

（a）转出符号；（b）转入符号

三、事故树分析步骤

事故树分析是根据系统可能发生的事故或已经发生的事故所提供的信息，去寻找同事故发生有关的原因，从而采取有效的防范措施，防止事故发生。这种分析方法一般可按下述步骤进行。分析人员在具体分析某一系统时可根据需要和实际条件选取其中若干步骤。

（一）准备阶段

1. 确定所要分析的系统。在分析过程中，合理处理好所要分析系统与外界环境及其边界条件，确定所要分析系统的范围，明确影响系统安全的主要因素。

2. 熟悉系统。这是事故树分析的基础和依据。对于已经确定的系统进行深入的调查研究，收集系统的有关资料与数据，包括系统的结构、性能、工艺流程、运行条件、事故类型、维修情况、环境因素等。

3. 调查系统发生的事故。收集、调查所分析系统曾经发生过的事故和将来有可能发生的事故，同时还要收集、调查本单位与外单位、国内与国外同类系统曾发生的所有事故。

（二）事故树的编制

1. 确定事故树的顶事件。确定顶事件是指确定所要分析的对象事件。根据事故调查报告分析其损失大小和事故频率，选择易于发生且后果严重的事故作为事故的顶事件。

2. 调查与顶事件有关的所有原因事件。从人、机、环境和信息等方面调查与事故树顶事件有关的所有事故原因，确定事故原因并进行影响分析。

3. 编制事故树。采用一些规定的符号，按照一定的逻辑关系，把事故树顶事件与引起顶事件的原因事件，绘制成反映因果关系的树形图。

（三）事故树定性分析

事故树定性分析主要是按事故树结构，求取事故树的最小割集或最小径集，以及基本事件的结构重要度，根据定性分析的结果，确定预防事故的安全保障措施。

（四）事故树定量分析

事故树定量分析主要是根据引起事故发生的各基本事件的发生概率，计算事故树顶事件发生的概率；计算各基本事件的概率重要度和临界（关键）重要度。根据定量分析的结果以及事故发生以后可能造成的危害，对系统进行风险分析，以确定安全投资方向。

（五）事故树分析的结果总结与应用

必须及时对事故树分析的结果进行评价、总结，提出改进建议，整理、储存事故树定性和定量分析的全部资料与数据，并注重综合利用各种安全分析的资料，为系统安全性评价与安全性设计提供依据。

四、事故树的编制

事故树的编制是 FTA 中最基本、最关键的环节。编制工作一般应由系统设计人员、操作人员和可靠性分析人员组成的编制小组来完成，经过反复研究，不断深入，才能趋于完善。通过编制过程能使小组人员深入了解系统，发现系统中的薄弱环节，这是编制事故树的首要目的。事故树的编制是否完善直接影响到定性分析与定量分析的结果是否正确，关系到运用 FTA 的成败，所以及时进行编制实践中有效的经验总结是非常重要的。

（一）编制事故树的规则

事故树的编制过程是一个严密的逻辑推理过程，应遵循以下规则：

1. 确定顶事件应优先考虑风险大的事故事件。能否正确选择顶事件，直接关系到分析结果，是事故树分析的关键。在系统危险分析的结果中，不希望发生的事件远不止一个。但是，应当把易于发生且后果严重的事件优先作为分析的对象，即顶事件；也可以把发生频率不高但后果很严重以及后果虽不严重但发生非常频繁的事故作为顶事件。

2. 合理确定边界条件。在确定了顶事件后，为了不致使事故树过于繁琐、庞大，应明确规定被分析系统与其他系统的界面，并作一些必要的合理假设。

3. 保持门的完整性，不允许门与门直接相连。事故树编制时应逐级进行，不允许跳跃；任何一个逻辑门的输出都必须有一个结果事件，不允许不经过结果事件而将门与门直接相连，否则，将很难保证逻辑关系的准确性。

4. 确切描述顶事件。明确地给出顶事件的定义，即确切地描述出事故的状态，什么时候在何种条件下发生。

5. 编制过程中及编成后，需及时进行合理的简化。

（二）编制事故树的方法

事故树的常用方法为演绎法，它是通过人的思考去分析顶事件是怎样发生的。演绎法编制时首先确定系统的顶事件，找出直接导致顶事件发生的各种可能因素或因素的组合即中间事件。在顶事件与其紧连的中间事件之间，根据其逻辑关系相应地画上逻辑门。然后再对每个中间事件进行类似的分析，找出其直接原因，逐级向下演绎，直到不能分析的基本事件为止。这样就可得到用基本事件符号表示的事故树。

（三）编制方法举例

"吊装物坠落伤人"事故树编制：

吊装物坠落伤人是起重吊装作业易发事故，作为一种特种作业事故，这里将其作为事故树顶事件并编制事故树。

把"吊装物坠落伤人"事故作为顶事件，并把它画在事故树的最上一行，如图 3-22 所示。起重钢丝绳断裂是造成吊装物坠落的主要原因，吊装物坠落与"钢丝绳断脱"、"吊钩冲顶"和"吊装物超载"有直接关系。因此，"钢丝绳断脱"、"吊钩冲顶"和"吊装物超载"三个事件只要有一个出现，顶事件就能出现，所以，用"或门"把三者和顶事件连接起来，将其写在事故树的第二行。钢丝绳断脱是由"钢丝绳强度下降"和"未及时发现钢丝绳强度下降"造成的，把它们写在第三行，并且用"与门"连接起来。吊钩冲顶是由"吊装工操作失误"和"未安装限速器"造成的，把它们写在第三行，并且用"与门"连接起来。吊装物超载则是由"吊装物超重"和"起重限制器失灵"造成的，把它们写在第三行，并且用"与门"连接起来。钢丝绳强度下降是由"钢丝绳腐蚀断股"、"钢丝绳变形"造成的，把它们写在第四行，并且用"或门"连接起来。未及时发现钢丝绳强度下降是由"日常检查不够"和"未定期对钢丝绳进行检测"造成的，把它们写在第四行，并且用"或门"连接起来。图 3-22 中的各事件含义见表 3-34。

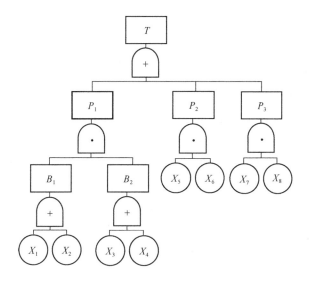

图 3-22　吊装物坠落伤人事故树

图 3-22 中的各事件含义　　　　　　　　　　　　　　　　　　　表 3-34

符号	事件名称	符号	事件名称
T	吊装物坠落伤人	X_2	钢丝绳变形
P_1	钢丝绳断脱	X_3	日常检查不够
P_2	吊钩冲顶	X_4	未定期对钢丝绳进行检测
P_3	吊装物超载	X_5	吊装工操作失误
B_1	钢丝绳强度下降	X_6	未安装限速器
B_2	未及时发现钢丝绳强度下降	X_7	吊装物超重
X_1	钢丝绳腐蚀断股	X_8	起重限制器失灵

五、事故树的数学描述

为了对事故树进行详细的分析，在编制出事故树模型后，还要利用布尔代数列出它的数学表达式。布尔代数是完成事故树分析的数学基础。

布尔代数是集合论数学的组成部分，是一种逻辑运算方法，也称逻辑代数。

（一）布尔代数的基本知识

1. 集合的概念。具有某种共同属性的事物的全体叫做集合，集合中的事故叫做元素。包含一切元素的集合称为全集，用符号 Ω 表示；不包含任何元素的集合称为空集，用符号 Φ 表示。

2. 逻辑运算。逻辑运算的对象是命题。命题是具有判断性的语言。成立的命题叫做真命题，其真值等于1；不成立的命题叫做假命题，其真值等于0。逻辑代数也可以运算，其基本运算有三种，即逻辑加、逻辑乘、逻辑非。其中逻辑加、逻辑乘用得较为普遍。

（1）逻辑加。给定两个命题 A、B，若 A、B 两者有一个成立或同时成立，S 就成立；否则 S 不成立。则这种 A、B 间的逻辑运算叫做逻辑加，也叫"或"运算。构成的新命题 S 叫做 A、B 的逻辑和。记作 $A \cup B = S$ 或记作 $A + B = S$。均读作"$A+B$"。逻辑加相当于集合运算中的"并集"。

（2）逻辑乘。给定两个命题 A、B，若 A、B 同时成立，P 就成立；否则 P 不成立。则这种 A、B 间的逻辑运算叫做逻辑乘，也叫"与"运算。构成的新命题 P 叫做 A、B 的逻辑积。记作 $A \cap B = P$ 或记作 $A \times B = P$，也可记作 $AB = P$。均读作 A 乘 B。逻辑乘相当于集合运算中的"交集"。

（3）逻辑非。给定一个命题 A，对它进行逻辑运算后，构成新的命题为 F，若 A 成立，F 就不成立；若 A 不成立，F 就成立。这种对 A 所作的逻辑运算叫做逻辑非，构成的新命题 F 叫做 A 的逻辑非。记作 $\overline{A}$，读作"A 非"。逻辑非相当于集合运算中的"补集"。

3. 布尔代数运算法则

布尔代数中的变量只有0和1两种取值，它所代表的是某个事件存在与否或真与假的一种状态，而并不表示变量在数量上的差别。布尔代数中有"与"（$\cdot$，$\cap$）、"或"（$+$，$\cup$）、"非"三种基本运算。布尔代数的运算满足以下几种运算法则。

（1）幂等法则：$A + A = A$；$A \cdot A = A$

（2）交换法则：$A + B = B + A$；$A \cdot B = B \cdot A$

（3）结合法则：$A + (B + C) = (A + B) + C$；$A \cdot (B \cdot C) = (A \cdot B) \cdot C$

（4）分配法则：$A + (B \cdot C) = (A + B) \cdot (A \cdot C)$；$A \cdot (B + C) = (A \cdot B) + (A \cdot C)$；

$$(A + B) \cdot (C + D) = A \cdot C + A \cdot D + B \cdot C + B \cdot D$$

（5）吸收法则：$A + A \cdot B = A$；$A \cdot (A + B) = A$

（6）零一法则：$A + 1 = 1$；$A \cdot 0 = 0$

（7）同一法则：$A + 0 = A$；$A \cdot 1 = A$

（8）互补法则：$A + \overline{A} = 1$；$A \cdot \overline{A} = 0$

（9）对合法则：$\overline{\overline{A}} = A$

（10）德·摩根法则：$\overline{A + B} = \overline{A} \cdot \overline{B}$；$\overline{A \cdot B} = \overline{A} + \overline{B}$

4. 布尔代数化简

布尔代数式是一种结构函数式，必须将它化简方能进行判断推理。化简的方法就是反复运用布尔代数法则，化简的程序是：（1）代数式如有括号应先去括号将函数展开；（2）利用幂等法则，归纳相同的项；（3）充分利用吸收法则直接化简。

（二）事故树的结构函数

1. 结构函数的定义

结构函数就是用来描述系统状态的函数。若事故树有 n 个相互独立的基本事件，X_i 表示基本事件的状态变量，X_i 仅取 1 或 0 两种状态；Φ 表示事故树顶事件的状态变量，Φ 也仅取 1 或 0 两种状态，则有如下定义：

$$X_i = \begin{cases} 1 & \text{基本事件 } X_i \text{ 发生}(i = 1, 2, \cdots, n) \\ 0 & \text{基本事件 } X_i \text{ 不发生}(i = 1, 2, \cdots, n) \end{cases}$$

$$\Phi = \begin{cases} 1 & \text{顶事件发生} \\ 0 & \text{顶事件不发生} \end{cases}$$

因为顶事件的状态完全取决于基本事件 X_i 的状态变量（$i = 1, 2, \cdots, n$），所以 Φ 是 X 的函数，即：

$$\Phi = \Phi(X)$$

其中，$X = (X_1, X_2, \cdots X_n)$，称 $\Phi(X)$ 为事故树的结构函数。

2. 结构函数的性质

结构函数 $\Phi(X)$ 具有如下性质：

（1）当事故树中基本事件都发生时，顶事件必然发生；当所有基本事件都不发生时，顶事件必然不发生。

（2）当基本事件 X_i 以外的其他基本事件固定为某一状态，基本事件 X_i 由不发生转变为发生时，顶事件可能维持不发生状态，也有可能由不发生状态转变为发生状态。

（3）由任意事故树描述的系统状态，可以用全部基本事件作成"或"结合的事故树表示系统的最劣状态（顶事件最易发生），也可以用全部基本事件作成"与"结合的事故树表示系统的最佳状态（顶事件最难发生）。

六、事故树的定性分析

事故树的定性分析是根据事故树求取其最小割集或最小径集，确定顶事件发生的事故模式、原因及其对顶事件的影响程度，为经济有效地采取预防对策和控制措施，防止同类事故发生提供科学依据。

（一）最小割集

1. 割集和最小割集

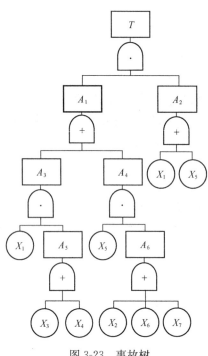

图 3-23 事故树

事故树顶事件发生与否是由构成事故树的各种基本事件的状态决定的。所有基本事件都发生时，顶事件必然发生。但是，大多数情况并不是所有基本事件都发生时顶事件才发生，而只要某些基本事件同时发生，顶事件就会发生。在事故树中，同时发生能够引起顶事件发生的基本事件的集合称为割集。如果割集中任意去掉一个基本事件后就不是割集，则该割集就是最小割集。即最小割集是能够引起顶事件发生的最低限度的基本事件集合。所以，最小割集是引起顶事件发生的充分必要条件。

2. 求最小割集的方法

最小割集的求解方法有多种，但最常用的方法主要有布尔代数法和行列法。

（1）布尔代数法。根据布尔代数运算法则，事故树经过化简得到若干基本事件逻辑积的逻辑和，其中，逻辑积即为最小割集。

【例 3-15】用布尔代数法求图 3-23 所示事故树的最小割集。

解：

① 写出事故树的布尔表达式：
$$T = A_1 A_2 = (A_3 + A_4)(X_1 + X_5) = (X_1 A_5 + X_5 A_6)(X_1 + X_5)$$
$$= [X_1(X_3 + X_4) + X_5(X_2 + X_6 + X_7)](X_1 + X_5)$$

② 布尔代数化简：
$$T = [X_1 X_3 + X_1 X_4 + X_5 X_2 + X_5 X_6 + X_5 X_7](X_1 + X_5)$$
$$= X_1 X_3 + X_1 X_4 + X_1 X_5 X_2 + X_1 X_5 X_6 + X_1 X_5 X_7 + X_1 X_3 X_5$$
$$+ X_1 X_4 X_5 + X_5 X_2 + X_5 X_6 + X_5 X_7$$
$$= X_1 X_3 + X_1 X_4 + X_5 X_2 + X_5 X_6 + X_5 X_7$$

该事故树有五个最小割集：$\{X_1, X_3\}$、$\{X_1, X_4\}$、$\{X_2, X_5\}$、$\{X_5, X_6\}$、$\{X_5, X_7\}$。

（2）行列法。该方法是富塞尔（J. B. Fussell）和文西利（W. E. Vssely）于 1972 年提出的，又称下行法或富塞尔算法。该方法的理论依据是：事故树"或门"使割集的数量增加，而不改变割集内所含事件的数量；"与门"使割集内所含事件的数量增加，而不改变割集的数量。求取最小割集时，首先从顶事件开始，顺序用下一事件代替上一层事件，在代换过程中，凡是用"或门"连接的输入事件，按列排列，用"与门"连接的输入事件，按行排列；这样，逐层向下代换下去，直到顶事件全部为基本事件表示为止。最后列写的每一行基本事件集合，经过简化，若集合内元素不重复出现，且各集合间没有包含的关系，这些集合便是最小割集。

【例 3-16】用行列法求图 3-23 所示事故树的最小割集。

解： 定义顶事件为 T，具体步骤为：

（1）将用与门连接的 T 的输入事件 A_1，A_2 按行排列。

（2）事件 A_1 是用或门连接的输入，将输入事件 A_3、A_4 按列排列置换 A_1。

（3）事件 A_2 是用或门连接的输入，将输入事件 X_1、X_5 按列排列分别置换 A_2。

（4）X_1、X_5 为基本事件不再分解。事件 A_3、A_4 均是用与门连接的输入，将输入事件 X_1、A_5 与 X_5、A_6 按行排列分别置换 A_3 与 A_4。

（5）X_1、X_5 为基本事件不再分解。事件 A_5、A_6 是用或门连接的输入，将输入事件 X_3、X_4 与 X_2、X_6、X_7 按列排列分别置换 A_5 与 A_6。

（6）进行布尔等幂、吸收运算，求得最小割集。

运算结果表明，有五个最小割集：$\{X_1，X_3\}$、$\{X_1，X_4\}$、$\{X_2，X_5\}$、$\{X_5，X_6\}$、$\{X_5，X_7\}$。

$$T = \xrightarrow{\text{与门}} A_1 A_2 \xrightarrow{\text{或门}} \begin{cases} A_3 X_1 \xrightarrow{\text{与门}} X_1 A_5 X_1 \xrightarrow{\text{或门}} \begin{cases} X_1 X_3 X_1 \\ X_1 X_4 X_1 \end{cases} \\[2ex] A_3 X_5 \xrightarrow{\text{与门}} X_1 A_5 X_5 \xrightarrow{\text{或门}} \begin{cases} X_1 X_3 X_5 \\ X_1 X_4 X_5 \end{cases} \\[2ex] A_4 X_1 \xrightarrow{\text{与门}} X_5 A_6 X_1 \xrightarrow{\text{或门}} \begin{cases} X_5 X_2 X_1 \\ X_5 X_6 X_1 \\ X_5 X_7 X_1 \end{cases} \\[2ex] A_4 X_5 \xrightarrow{\text{与门}} X_5 A_6 X_5 \xrightarrow{\text{或门}} \begin{cases} X_5 X_2 X_5 \\ X_5 X_6 X_5 \\ X_5 X_7 X_5 \end{cases} \end{cases}$$

整理得

$$\begin{cases} X_1 X_3 X_1 \\ X_1 X_4 X_1 \\ X_1 X_3 X_5 \\ X_1 X_4 X_5 \\ X_5 X_2 X_1 \\ X_5 X_6 X_1 \\ X_5 X_7 X_1 \\ X_5 X_2 X_5 \\ X_5 X_6 X_5 \\ X_5 X_7 X_5 \end{cases} \xrightarrow{\text{等幂律化简}} \begin{cases} X_1 X_3 \\ X_1 X_4 \\ X_1 X_3 X_5 \\ X_1 X_4 X_5 \\ X_5 X_2 X_1 \\ X_5 X_6 X_1 \\ X_5 X_7 X_1 \\ X_2 X_5 \\ X_5 X_6 \\ X_5 X_7 \end{cases} \xrightarrow{\text{吸收律化简}} \begin{cases} X_1 X_3 \\ X_1 X_4 \\ X_2 X_5 \\ X_5 X_6 \\ X_5 X_7 \end{cases}$$

可利用最小割集将事故树表达成一个包含 3 层事件的等效树。其中顶事件与最小割集所代表的中间事件用或门连接，最小割集与其中所包含的基本事件用与门连接。对图 3-23 所示的事故树，其用最小割集表示的等效树如图 3-24 所示。

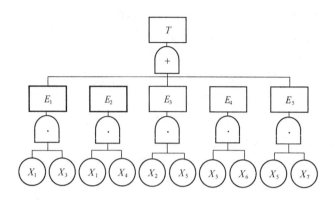

图 3-24　用最小割集表示的图 3-23 所示事故树的等效树

(二) 最小径集

1. 径集与最小径集

在事故树中，如果所有基本事件都不发生时，顶事件必然不会发生。但是，顶事件不发生大多数情况下并不要求所有基本事件都不发生，而只要某些基本事件不发生顶事件就不会发生。这些能使顶事件不发生的基本事件的集合称为径集。如果径集中任意去掉一个基本事件后就不再是径集，则该径集就是最小径集。即最小径集是能够使顶事件不发生的最低限度的基本事件集合。所以，最小径集是保证顶事件不发生的充分必要条件。

2. 求最小径集的方法

对偶树法：根据对偶原理，成功树顶事件发生，就是其对偶树（事故树）顶事件不发生。因此，求事故树最小径集的方法是，首先将事故树变换成其对偶的成功树，就是将原事故树中的"或门"换成"与门"，将"与门"换成"或门"，全部事件发生换成不发生。然后求出成功树的最小割集就是所求事故树的最小径集。图 3-25 为两种常用的转换方法。

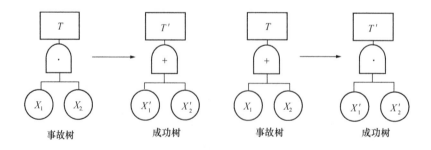

图 3-25　与事故树对偶的成功树的转换关系图

【例 3-17】 用对偶树法求图 3-23 事故树的最小径集。

首先将图 3-23 所示的事故树变换为如图 3-26 所示的成功树。

解： ① 布尔代数法。该方法的计算与计算最小割集的方法类似。

图 3-26 所示成功树的布尔表达式为：

$$T' = A'_1 + A'_2 = A'_3 A'_4 + X'_1 A'_5$$
$$= [(X'_1 + A'_5)(X'_5 + A'_6)] + X'_1 X'_5$$

$$=[(X'_1+X'_3X'_4)(X'_5+X'_2X'_6X'_7)]+X'_1X'_5$$
$$=X'_1X'_5+X'_1X'_2X'_6X'_7+X'_3X'_4X'_5+X'_3X'_4X'_2X'_6X'_7+X'_1X'_5$$
$$=X'_1X'_5+X'_1X'_2X'_6X'_7+X'_3X'_4X'_5+X'_3X'_4X'_2X'_6X'_7$$

成功树的最小割集为：$\{X'_1, X'_5\}$，$\{X'_1, X'_2, X'_6, X'_7\}$，$\{X'_3, X'_4, X'_5\}$，$\{X'_2, X'_3, X'_4, X'_6, X'_7\}$，所以图 3-23 事故树的最小径集为：$\{X_1, X_5\}$，$\{X_1, X_2, X_6, X_7\}$，$\{X_3, X_4, X_5\}$，$\{X_2, X_3, X_4, X_6, X_7\}$。

② 行列法。用行列法计算事故树最小径集，与计算事故树最小割集的方法类似。其方法仍是从顶事件开始，按顺序用逻辑门的输入事件代替其输出事件。代换过程中凡用与门连接的输入事件，按列排列；用或门连接的输入事件，按行排列，直至顶事件全部为基本事件代替为止。最后得到的每一行基本元素的集合，都是事故树的径集。根据最小径集的定义，将径集化为不包含其他径集的集合，即可得到最小径集。所得最小径集与布尔代数法结果相同。

以上对同一事故树采用了两种方法求其最小径集，结果相同。

同样，也可利用最小径集将事故树表达成一个包含 3 层事件的等效树。其中顶事件与最小径

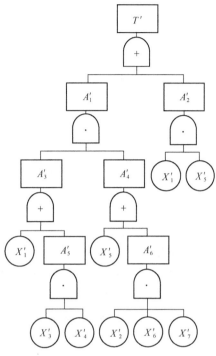

图 3-26　与图 3-23 所示事故树对偶的成功树

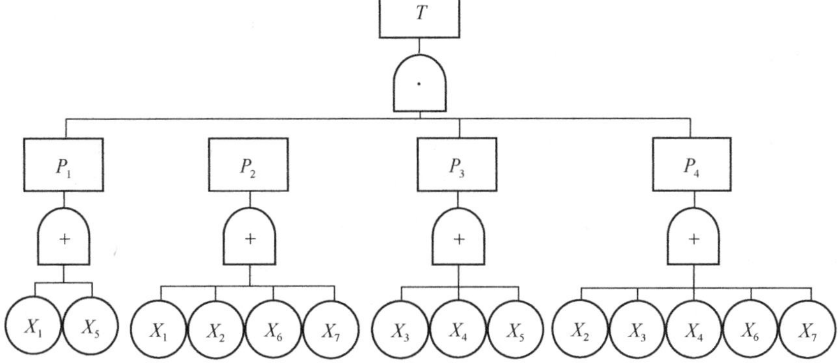

集所代表的中间事件用与门连接，最小径集与其中所包含的基本事件用或门连接。对图 3-23 所示的事故树，其用最小径集表示的等效树如图 3-27 所示。

图 3-27　用最小径集表示的图 2-23 所示事故树的等效树

（三）最小割集和最小径集在事故树分析中的作用

1. 最小割集在事故树分析中的作用

最小割集在事故树分析中起着非常重要的作用，归纳起来有四个方面：

（1）表示系统的危险性。最小割集的定义明确指出，每一个最小割集都表示顶事件发生的一种可能，事故树中有几个最小割集，顶事件发生就有几种可能。从这个意义上讲，最小割集越多，说明系统的危险性越大。

（2）表示顶事件发生的原因组合。事故树顶事件发生，必然是某个最小割集中基本事件同时发生的结果。一旦发生事故，就可以方便地知道所有可能发生事故的途径，并可以逐步排除非本次事故的最小割集，而较快地查出本次事故的最小割集，这就是导致本次事故的基本事件的组合。显而易见，掌握了最小割集，对于掌握事故的发生规律、调查事故发生的原因有很大的帮助。

（3）为降低系统的危险性提出控制方向和预防措施。每个最小割集都代表了一种事故模式。由事故树的最小割集可以直观地判断哪种事故模式最危险，哪种次之，哪种可以忽略，以及如何采取措施使事故发生概率下降。

若某事故树有三个最小割集，如果不考虑每个基本事件发生的概率，或者假定各基本事件发生的概率相同，则只含一个基本事件的最小割集比含有两个基本事件的最小割集容易发生；含有两个基本事件的最小割集比含有五个基本事件的最小割集容易发生。依此类推，少事件的最小割集比多事件的最小割集容易发生。由于单个事件的最小割集只要一个基本事件发生，顶事件就会发生；两个事件的最小割集必须两个基本事件同时发生，才能引起顶事件发生。这样，两个基本事件组成的最小割集发生的概率比一个基本事件组成的最小割集发生的概率要小得多，而五个基本事件组成的最小割集发生的可能性相比之下可以忽略。由此可见，为了降低系统的危险性，对含基本事件少的最小割集应优先考虑采取安全措施。

（4）利用最小割集可以判定事故树中基本事件的结构重要度和方便地计算顶事件发生的概率。

2. 最小径集在事故树分析中的作用

最小径集在事故树分析中的作用与最小割集同样重要，主要表现在以下三个方面：

（1）表示系统的安全性。最小径集表明，一个最小径集中所包含的基本事件都不发生，就可防止顶事件发生。可见，每一个最小径集都是保证事故树顶事件不发生的条件，是采取预防措施，防止发生事故的一种途径。从这个意义上来说，最小径集表示了系统的安全性。

（2）选取确保系统安全的最佳方案。每一个最小径集都是防止顶事件发生的一个方案，可以根据最小径集中所包含的基本事件个数的多少、技术上的难易程度、耗费的时间以及投入的资金数量，来选择最经济、最有效地控制事故的方案。

（3）利用最小径集同样可以判定事故树中基本事件的结构重要度和计算顶事件发生的概率。在事故树分析中，根据具体情况，有时应用最小径集更为方便。就某个系统而言，如果事故树中与门多，则其最小割集的数量就少，定性分析最好从最小割集入手。反之，如果事故树中或门多，则其最小径集的数量就少，此时定性分析最好从最小径集入手，从而可以得到更为经济、有效的结果。

（四）判别割（径）集数目的方法

由同一事故树求得的最小割集和最小径集数目多数情况下是不相等的。如果在事故树中与门多、或门少，则最小割集的数目较少；反之，若或门多与门少，则最小径集数目较少。在求最小割（径）集时，为了减少计算工作量，应从割（径）集数目较少的入手。

遇到很复杂的系统，往往很难根据逻辑门的数目来判定割（径）集的数目。在求最小割集的行列法中曾指出，与门仅增加割集的容量（即基本事件的个数），而不增加割集的数量，或门则增加割集的数量，而不增加割集的容量。根据这一原理，下面介绍一种用"加乘法"求割（径）集数目的方法，如图 3-28 所示。该方法给每个基本事件赋值为1，直接利用"加乘法"求割（径）集数目。但要注意，求割集数目和径集数目，要分别在事故树和成功树上进行。

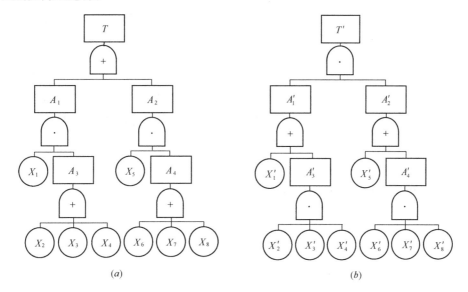

图 3-28　割（径）集的求法
（a）事故树；（b）成功树

割集数目：$A_3 = 1+1+1 = 3$　　　$A_4 = 1+1+1 = 3$

　　　　　$A_1 = 1 \times 3 = 3$　　　$A_2 = 1 \times 3 = 3$

　　　　　$T = 3+3 = 6$

径集数目：$A'_3 = 1 \times 1 \times 1 = 1$　　　$A_4 = 1 \times 1 \times 1 = 1$

　　　　　$A_1 = 1+1 = 2$　　　$A_2 = 1+1 = 2$

　　　　　$T = 2 \times 2 = 4$

从中可以看出，割集数目与径集数目相差不是很大，一般应从分析割集入手较好。但当估算出来的割集数目明显多于径集数目时，采用径集分析要比用割集分析简单。同时需要注意，此时得到的割（径）集数目，不是最小割（径）集的数目，而是最小割（径）集的上限。只有当事故树中没有重复事件时，得到的割（径）集数目才是最小割（径）集的数目。

（五）基本事件的结构重要度分析

一个基本事件（最小割集）对顶事件发生的贡献称为该基本事件的重要度。事故树中各基本事件的发生对顶事件的发生有着不同程度的影响，主要取决于两个因素，即各基本事件发生概率的大小以及各基本事件在事故树结构中所处的位置。

为了明确最易导致顶事件发生的事件，按照基本事件或最小割集对顶事件发生的影响程度大小来排队，以便分出轻重缓急采取有效措施，控制事故的发生，必须对基本事件进行重要度分析。

1. 基本概念

结构重要度分析是从结构上分析各个基本事件对顶事件发生所产生的影响程度。即不考虑基本事件自身的发生概率，或者说假定各基本事件的发生概率相等。

结构重要度分析可采用两种方法。一种是求出结构重要度系数，另一种是利用最小割集或最小径集判断重要度，排出次序。前者精确，当事故树中基本事件数较多时麻烦、繁琐；后者简单，但不够精确。

2. 求各基本事件的结构重要度系数

由结构函数可知，在事故树分析中，基本事件的状态只有两种，即发生与不发生，所有基本事件的状态的不同组合决定了顶事件的发生与不发生。当事故树中某个基本事件 X_i 的状态由不发生变为发生，即其状态变量由 0 变为 1，其他基本事件的状态保持不变，则顶事件的状态变化可能有以下三种情况：

（1）顶事件处于 0 状态不变

$$\Phi(0_i, X) = 0 \rightarrow \Phi(1_i, X) = 0，则 \Phi(1_i, X) - \Phi(0_i, X) = 0$$

（2）顶事件处于 1 状态不变

$$\Phi(0_i, X) = 1 \rightarrow \Phi(1_i, X) = 1，则 \Phi(1_i, X) - \Phi(0_i, X) = 0$$

（3）顶事件不发生变为发生

$$\Phi(0_i, X) = 0 \rightarrow \Phi(1_i, X) = 1，则 \Phi(1_i, X) - \Phi(0_i, X) = 1$$

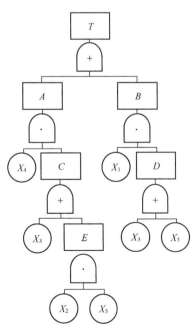

图 3-29　事故树示意图

第一种和第二种情况表明 X_i 的变化对顶事件没有产生影响，只有第三种情况 X_i 状态变化对顶事件的发生与否起了作用，此种情况越多说明 X_i 状态对顶事件是否发生所起的作用越重要。假设一个包含 n 个基本事件的事故树，除去 X_i 后，还有 $n-1$ 个基本事件，这 $n-1$ 个基本事件共有 2^{n-1} 种可能的状态组合 $(X_j, j = 1, 2, \cdots, 2^{n-1})$。对应这 2^{n-1} 种组合状态，假设其中有 m_i 种当 X_i 由 0 变为 1 时，顶事件的状态由 0 变为 1，则定义基本事件 X_i 的结构重要度系数为：

$$I_\Phi(i) = \frac{m_i}{2^{n-1}} = \frac{1}{2^{n-1}} \sum_{j=1}^{2^{n-1}} \left[\Phi(1_i, X_j) - \Phi(0_i, X_j) \right]$$

$$(3-6)$$

【例 3-18】事故树如图 3-29 所示，求出各基本事件的结构重要度系数。

解：图 3-29 所示的事故树共有五个基本事件，其状态组合为 2^5，和顶事件的状态见表 3-35。

表 3-35

基本事件与顶事件状态值表

编号	X_1	X_2	X_3	X_4	X_5	$\Phi(X)$	编号	X_1	X_2	X_3	X_4	X_5	$\Phi(X)$
1	0	0	0	0	0	0	17	1	0	0	0	0	0
2	0	0	0	0	1	0	18	1	0	0	0	1	1
3	0	0	0	1	0	0	19	1	0	0	1	0	0
4	0	0	0	1	1	0	20	1	0	0	1	1	1
5	0	0	1	0	0	0	21	1	0	1	0	0	0
6	0	0	1	0	1	0	22	1	0	1	0	1	1
7	0	0	1	1	0	1	23	1	0	1	1	0	1
8	0	0	1	1	1	1	24	1	0	1	1	1	1
9	0	1	0	0	0	0	25	1	1	0	0	0	0
10	0	1	0	0	1	0	26	1	1	0	0	1	1
11	0	1	0	1	0	0	27	1	1	0	1	0	0
12	0	1	0	1	1	1	28	1	1	0	1	1	1
13	0	1	1	0	0	0	29	1	1	1	0	0	0
14	0	1	1	0	1	0	30	1	1	1	0	1	1
15	0	1	1	1	0	1	31	1	1	1	1	0	1
16	0	1	1	1	1	1	32	1	1	1	1	1	1

对每个基本事件所对应的状态由 2^4 种情况，表 3-35 从中间分为两部分，以 X_1 为例，左半部分为基本事件为 0，即不发生；右半部分为基本事件为 1，其他条件不变，从表 3-35 中通过读数可以求出，当 X_1 由 0 变为 1 时，$\Phi(X)$ 由 0 变为 1 的情况有 7 次，代入式（3-6），则得：

$$I_\Phi(1) = \frac{1}{2^{n-1}} \sum_{j=1}^{2^{n-1}} \left[\Phi(1_i, X_j) - \Phi(0_i, X_j) \right] = \frac{1}{16} \times 7 = \frac{7}{16}$$

若将表按上下方向从中间分为两部分，上半部分为基本事件 X_2 为 0 的情况，下半部分则为基本事件 X_2 为 1 的情况，上下对照来看，当 X_2 由 0 变为 1 时，$\Phi(X)$ 由 0 变为 1 的情况有 1 次，代入式（3-6），则得：

$$I_\Phi(2) = \frac{1}{16}$$

同理可得：

$$I_\Phi(3) = \frac{7}{16}, \quad I_\Phi(4) = \frac{5}{16}, \quad I_\Phi(5) = \frac{5}{16}$$

根据计算结果，可作出基本事件结构重要度排序：

$$I_\Phi(1) = I_\Phi(3) > I_\Phi(4) = I_\Phi(5) > I_\Phi(2)$$

3. 利用最小割集或最小径集进行结构重要度分析

根据最小割集或最小径集判断结构重要度顺序，是进行结构重要度分析的简化方法，具有足够的精度，又不至于过分复杂。

采用最小割集或最小径集进行结构重要度分析，主要是依据如下几条原则来判断基本事件结构重要度系数的大小，并排列出各基本事件的结构重要度顺序，而不求结构重要度系数的精确值。

（1）单事件最小割（径）集中的基本事件的结构重要度系数最大

例如，若某事故树共有如下3个最小割集：

$$k_1 = \{x_1\}, \quad k_2 = \{x_2, x_3, x_4\}, k_3 = \{x_5, x_6, x_7, x_8\}$$

由于最小割集 k_1 由单个基本事件 x_1 组成，所以 x_1 的结构重要度系数最大，即

$$I_\phi(1) > I_\phi(i) \quad i = 2, 3, \cdots, 8$$

这里，$I_\phi(i)$ 是基本事件 x_i（$i=1$，2，…8）的结构重要度系数。

（2）仅在同一最小割（径）集中出现的所有基本事件的结构重要度系数相等

仍用上例进行分析。由于基本事件 x_2，x_3，x_4 仅在同一最小割集 k_2 中出现，所以

$$I_\phi(2) = I_\phi(3) = I_\phi(4)$$

同理，

$$I_\phi(5) = I_\phi(6) = I_\phi(7) = I_\phi(8)$$

（3）若最小割（径）集中包含的基本事件数目相等，则在不同最小割（径）集中出现次数相等的各个基本事件，其结构重要度系数相等；出现次数多的基本事件的结构重要度系数大，出现次数少的结构重要度系数小。

例如，若某事故树共有如下4个最小割集：

$$k_1 = \{x_1, x_2, x_4\} \quad k_2 = \{x_1, x_2, x_5\}$$
$$k_3 = \{x_1, x_3, x_6\} \quad k_4 = \{x_1, x_3, x_7\}$$

由于各最小割集所包含的基本事件个数相等，所以应按本原则进行判断。由于基本事件 x_4，x_5，x_6，x_7 在这4个事件个数相等的最小割集中出现的次数相等，都为1次，所以

$$I_\phi(4) = I_\phi(5) = I_\phi(6) = I_\phi(7)$$

同理，由于 x_2，x_3 都出现了2次，则：

$$I_\phi(2) = I_\phi(3)$$

由于 x_1 在4个最小割集中重复出现了4次，所以其结构重要度系数大于重复出现2次的 x_2，x_3，而 x_2，x_3 的结构重要度系数又大于只出现1次的 x_4，x_5，x_6，x_7，即

$$I_\phi(1) > I_\phi(2) = I_\phi(3) > I_\phi(4) = I_\phi(5) = I_\phi(6) = I_\phi(7)$$

（4）若事故树中最小割（径）集中所含基本事件数目不相等时，这种情况下，基本事件结构重要度系数大小的判定原则为：

1）若它们重复在各最小割（径）集中出现的次数相等，则在少事件最小割（径）集中出现的基本事件的结构重要度系数大；

2）在少事件最小割（径）集中出现次数少的与多事件最小割（径）集中出现次数多的基本事件比较，一般前者的结构重要度系数大于后者。此时，亦可采用如下公式近似判断各基本事件的结构重要度系数大小。

近似判别式1：

$$I_\phi(i) = \sum_{x_i \in k_r} \frac{1}{2^{n_j - 1}} \tag{3-7}$$

式中　$I_\phi(i)$——基本事件 x_i 结构重要度系数大小的近似判别值；

$x_i \in k_r$——基本事件 x_i 属于最小割集 k_r（或最小径集 p_r）；

n_j——基本事件 x_i 所在的最小割（径）集中包含的基本事件个数。

近似判别式 2：

$$I_\phi(i) = \frac{1}{k} \sum_{j=1}^{k} \frac{1}{n_j} \quad (x_i \in k_r) \tag{3-8}$$

式中　k——最小割集（或最小径集）总数；

$x_i \in k_r$——基本事件 x_i 属于最小割集 k_r（或最小径集 p_r）；

n_j——最小割集 k_r（或最小径集 p_r）中包含的基本事件个数。

近似判别式 3：

$$I_\phi(i) = 1 - \prod_{x_i \in k_r} \left(1 - \frac{1}{2^{n_i-1}}\right) \tag{3-9}$$

【例 3-19】某事故树共有如下 4 个最小径集，试对其进行结构重要度分析。

$$p_1 = \{x_1, x_2\}, \quad p_2 = \{x_1, x_3\}$$
$$p_3 = \{x_4, x_5, x_6\}, \quad p_4 = \{x_4, x_5, x_7, x_8\}$$

由于基本事件 x_1 分别在两个基本事件的最小径集 p_1，p_2 中各出现 1 次（共 2 次），而 x_4 分别在 3 个基本事件的最小径集 p_3 和 4 个事件的最小径集 p_4 中各出现 1 次（共 2 次），根据第 4 条第（1）项原则判断，x_1 的结构重要度系数大于 x_4 的结构重要度系数，即

$$I_\phi(1) > I_\phi(4)$$

基本事件 x_2 只在 2 个基本事件的最小径集 p_1 中出现了 1 次，基本事件 x_4 分别在 3 个和 4 个事件的最小径集 p_3，p_4 中各出现了 1 次（共 2 次），根据第 4 条第（2）项原则判断，x_2 的结构重要度系数可能大于 x_4 的结构重要度系数。为更准确地分析，再根据近似判别式（3-7），计算它们的近似判别值：

$$I_\phi(2) = \sum_{x_j \in p_r} \frac{1}{2^{n_j-1}} = \frac{1}{2^{2-1}} = \frac{1}{2}$$

$$I_\phi(4) = \frac{1}{2^{3-1}} + \frac{1}{2^{4-1}} = \frac{3}{8}$$

$I_\phi(2) > I_\phi(4)$，所以 $I_\phi(2) > I_\phi(4)$

根据其他判别原则，不难判断其余各基本事件的结构重要度顺序。该事故树中全部基本事件的结构重要度顺序如下：

$$I_\phi(1) > I_\phi(2) = I_\phi(3) > I_\phi(4) = I_\phi(5) > I_\phi(6) > I_\phi(7) = I_\phi(8)$$

采用最小割集或最小径集进行结构重要度分析，需要注意如下几点：

（1）对于结构重要度分析来说，采用最小割集和最小径集的效果是相同的。因此，若事故树的最小割集和最小径集都求出来的话，可以用两种方法进行判断，以验证结果的正确性。

（2）采用上述 4 条原则判断基本事件结构重要度系数大小时，必须从第一条到第四条顺序进行判断，而不能只采用其中的某一条或近似判别式。因近似判别式尚有不完善之处，不能完全据其进行判断。

（3）近似判别式的计算结果可能出现误差。一般说来，若最小割（径）集中的基本事件个数相同时，利用 3 个近似判别式均可得到正确的排序；若最小割（径）集中的基本事

件个数相差较大时，式（3-7）和式（3-9）可以保证排列顺序的正确；若最小割（径）集中的基本事件个数仅相差 1～2 个时，式（3-8）和式（3-7）可能产生较大的误差。3 个近似判别式中，式（3-9）的判断精度最高。

七、事故树的定量分析

事故树定量分析包括顶事件发生概率计算、概率重要度及临界重要度计算。

在进行事故树定量分析时，应满足以下几个条件：

1. 各基本事件的故障参数和故障率已知，而且数据可靠。

2. 在事故树中应完全包括主要故障模式。

3. 对全部事件用布尔代数作出正确的描述。

另外，在进行事故树定量计算时，一般还做三点假设：

1. 基本事件之间相互独立；

2. 基本事件和顶事件都只考虑两种状态；

3. 假定故障分布为指数函数分布。

（一）基本事件的发生概率

事故树定量分析，首先是在求出各基本事件发生概率的情况下，计算顶事件的发生概率，这样就可以根据所取得的结果与预定的目标值进行比较。如果超出了目标值，就应采取必要的系统改进措施，使其降至目标值以下。如果事故的发生概率及其造成的损失为社会所认可，则不需要投入更多的人力、物力进一步治理。

1. 系统单元故障概率——系统的单元（部件或元件）故障概率

关于基本事件的发生概率，首先是机械设备的元件故障概率，对一般可修复系统，元件或单元的故障概率为：

$$q = \frac{\lambda}{\lambda + \mu} \tag{3-10}$$

其中 λ 为元件或单元的故障率，即设备或系统的单元（部件或元件）单位时间（或周期）的失效或故障的概率，它是元件或单元平均故障间隔期（或称平均无故障时间，$MTBF$）的倒数：

$$\lambda = \frac{1}{MTBF}$$

一般 $MTBF$ 由生产厂家给出，或通过实验得出。它是元件从运行到故障发生时所经历时间 t_i 的算术平均值，即

$$MTBF = \frac{\sum_{i=1}^{n} t_i}{n}$$

式中　n——所测元件的个数。

若元件在实验室条件下测出的故障率为 λ_0，即故障率数据库存储的数据。在实际应用时，还必须考虑比实验室条件恶劣的现场因素，适当选择使用条件系数 K 值（参见表3-36）。故实际故障率为：

$$\lambda = K\lambda_0$$

条件系数 K 值举例 表 3-36

使用场所	K	使用场所	K
实验室	1	火箭实验台	60
普通室内	$1.1\sim10$	飞机	$80\sim150$
船舶	$10\sim18$	火箭	$400\sim1000$
铁路车辆，牵引式公共汽车	$18\sim30$		

μ 为可维修度，它反映单元维修难易程度的量度，是所需平均修复时间（$MTTR$）τ 的倒数，即 $\mu=1/\tau$，因为 $MTBF\geqslant MTTR$，故 $\lambda\leqslant\mu$，所以：

$$q = \frac{\lambda}{\lambda+q} \approx \frac{\lambda}{\mu} = \lambda\tau \tag{3-11}$$

因此，单元的故障概率发生率近似为单元故障率与单元平均修复时间的积。

对于一般不可修复系统，元件或单元的故障概率为：

$$q = 1 - e^{-\lambda t}$$

式中　t——元件运行时间。

如果把 $e^{-\lambda t}$ 按无穷级数展开，略去后面的高阶无穷小，则可近似为：

$$q = \lambda t$$

现在许多工业发达国家都建立了故障率数据库，而且若干国家（如北美和西欧某些国家）已联合建库，用计算机存储和检索，为系统安全和可靠性分析提供了良好的条件。从我国开展安全系统工程和可靠性工程的发展趋势看，也必将走建立数据库、储存事故资料的道路。但是，同时也要认识到事故树分析的应用，并不是以建立故障率数据库为前提条件的，而我们现在所面临的是在没有数据库的情况下来评价故障率，这就存在如何求取故障率的问题。

在目前情况下，可以通过系统或设备长期的运行经验，或若干系统平行的运行过程，粗略地估计元件平均故障间隔期，其倒数就是所观测对象的故障率。例如，某元件现场使用条件下的平均故障率间隔期为 4000h，则其故障率为 2.5×10^{-4}。若系统运行是周期性的，亦可将周期化为小时。故障率数据列举于表 3-37。

故障率数据举例 表 3-37

项　目	故障率（h^{-1}）	
	现测值	建议值
机械杠杆、链条、托架等	$10^{-6}\sim10^{-9}$	10^{-6}
电阻、电容、线圈等	$10^{-6}\sim10^{-9}$	10^{-6}
固体晶体管、半导体	$10^{-6}\sim10^{-9}$	10^{-6}
电气焊接连接	$10^{-7}\sim10^{-9}$	10^{-8}
电气螺纹连接	$10^{-4}\sim10^{-6}$	10^{-5}
电子管	$10^{-4}\sim10^{-6}$	10^{-5}
热电偶	—	10^{-6}

项 目	故障率（h⁻¹）	
	现测值	建议值
三角皮带	$10^{-4} \sim 10^{-6}$	10^{-4}
摩擦制动器	$10^{-4} \sim 10^{-5}$	10^{-4}
管路焊接连接破裂	—	10^{-9}
管路法兰连接爆裂	—	10^{-7}
管路螺口连接破裂	—	10^{-5}
管路胀接破裂	—	10^{-5}
冷标准容器破裂	—	10^{-9}
电（气）动调节阀等	$10^{-4} \sim 10^{-7}$	10^{-5}
继电器、开关等	$10^{-4} \sim 10^{-7}$	10^{-5}
断路器（自动防止故障）	$10^{-5} \sim 10^{-6}$	10^{-5}

2. 人的失误概率

人的失误是另一种基本事件，系统运行中人的失误是导致事故发生的一个重要原因。人的失误通常是指作业者实际完成的功能与系统所要求的功能之间的偏差。人的失误概率通常是指作业者在一定条件下和规定时间内完成某项规定功能时出现偏差或失误的概率，它表示人的失误的可能性大小，因此，人的失误概率也就是人的不可靠度。一般根据人的不可靠度与人的可靠度互补的规则，获得人的失误概率。

人的失误大概有以下五种情况：

（1）忘记做某项工作；

（2）做错了某项工作；

（3）采取了不应采取的某项步骤；

（4）没有按规定完成某项工作；

（5）没有在预定时间内完成某项工作。

人的失误原因很复杂，许多专家学者对此做过研究。1961 年，Swain 和 Rock 提出了"人的失误率预测法"（THERP），这种方法的分析步骤如下：

（1）调查被分析者的作业程序。

（2）把整个程序分解成单个作业。

（3）再把每一单个作业分解成单个动作。

（4）根据经验和实验，适当选择每个动作的可靠度（常见的人的行为可靠度）。

（5）用单个动作的可靠度之积表示每个操作步骤的可靠度。如果各个动作中存在非独立事件，则用条件概率计算。

（6）用各操作步骤可靠度之积表示整个程序的可靠度。

（7）用可靠度之补数（1 减可靠度）表示每个程序的不可靠度，这就是该程序人的失误概率。

人的失误率受多种因素影响，如作业的紧迫程度、单调性、不安全感；人的生理状况；教育、训练情况；以及社会影响和环境因素等。因此仍然需要有修正系数 K 修正人的失误概率。

(二) 顶事件的发生概率

事故树定量分析的主要工作是计算顶事件的发生概率，并以顶事件的发生概率为依据，综合考察事故的风险率，进行安全评价。

顶事件的发生概率有多种计算方法，本书只选择介绍几种常用的方法。需要说明的是，这里介绍的几种计算方法，都是以各个基本事件相互独立为基础的，如果基本事件不是相互独立事件，则不能直接应用这些方法。

1. 逐级向上推算法（只适用于事故树中基本事件没有重复的情况）

（1）当各基本事件均是独立事件时，凡是与门连接的地方，可用几个独立事件的逻辑积的概率计算公式计算：

$$g = \prod_{i=1}^{n} q_i \tag{3-12}$$

式中　$\prod$ ——数学运算符号，表示逻辑积（乘）；

　　　g——顶事件的发生概率；

　　　q_i——基本事件 i 的发生概率。

（2）当各基本事件均是独立事件时，凡是或门连接的地方，可用几个独立事件的逻辑和的概率计算公式计算：

$$g = \coprod_{i=1}^{n} q_i = 1 - \prod_{i=1}^{n} (1 - q_i) \tag{3-13}$$

式中　$\coprod$ ——数学运算符号，表示逻辑和；

　　　g——顶事件的发生概率；

　　　q_i——基本事件 i 的发生概率。

按照给定的事故树写出其结构函数表达式，根据表达式中的各基本事件的逻辑关系，可直接计算出顶事件的发生概率。

2. 用最小割集计算顶事件发生概率

我们知道，利用最小割集可以做出原事故树的等效事故树，其结构形式是：顶事件与各最小割集用或门连接，每个最小割集与其包含的基本事件用与门连接。根据用最小割集等效表示原事故树的方式可知，如果各个最小割集间没有重复的基本事件，则可按照逐级向上推算法的原则，先计算各个最小割集内各基本事件的概率积，再计算各个最小割集的概率和，从而求出顶事件的发生概率。即，如果事故树的各个最小割集中彼此无重复事件，就可以按照下式计算顶事件的发生概率：

$$g = \coprod_{r=1}^{k} \prod_{x_i \in k_r} q_i \tag{3-14}$$

式中　x_i——第 i 个基本事件；

　　　k_r——第 r 个最小割集，即 r 是最小割集的序号；

　　　k——最小割集的个数；

　$x_i \in k_r$——第 i 个基本事件属于第 r 个最小割集。

【例 3-20】若某事故树有如下 3 个最小割集：$k_1 = \{x_1, x_3\}$，$k_2 = \{x_2, x_4\}$，$k_3 = \{x_5, x_6\}$，各基本事件的发生概率分别为：q_1，q_2，$\cdots$，q_6，求其顶事件的发生概率。

由式（3-14），其顶事件的发生概率为

$$g = \coprod_{r=1}^{3} \prod_{x_i \in k_r} q_i$$

$$= 1 - (1 - \prod_{x_i \in k_1} q_i)(1 - \prod_{x_i \in k_2} q_i)(1 - \prod_{x_i \in k_3} q_i)$$

其中

$$\prod_{x_i \in k_1} q_i = q_1 q_3$$

$$\prod_{x_i \in k_2} q_i = q_2 q_4$$

$$\prod_{x_i \in k_3} q_i = q_5 q_6$$

所以

$$g = 1 - (1 - q_1 q_3)(1 - q_2 q_4)(1 - q_5 q_6)$$

如果各个最小割集中彼此有重复事件，则式（3-14）不成立。我们看下例：

某事故树有 3 个最小割集：

$$k_1 = \{x_1, x_3\}, k_2 = \{x_2, x_3\}, k_3 = \{x_2, x_4, x_5\}$$

则其顶事件的发生概率为各个最小割集的概率和。

$$g = \coprod_{r=1}^{3} q_{k_r}$$

$$= 1 - (1 - q_{k_1})(1 - q_{k_2})(1 - q_{k_3})$$

$$= (q_{k_1} + q_{k_2} + q_{k_3}) - (q_{k_1} q_{k_2} + q_{k_1} q_{k_3} + q_{k_2} q_{k_3}) + q_{k_1} q_{k_2} q_{k_3}$$

式中的 $q_{k_1} q_{k_2}$ 是最小割集 k_1，k_2 的交集概率。

由于 $k_1 \bigcap k_2 = x_1 x_3 \cdot x_2 x_3$

而 $x_1 x_3 \cdot x_2 x_3 = x_1 x_2 x_3$

所以，$q_{k_1} q_{k_2} = q_1 q_2 q_3$

同理

$$q_{k_1} q_{k_3} = q_1 q_2 q_3 q_4 q_5$$

$$q_{k_2} q_{k_3} = q_2 q_3 q_4 q_5$$

$$q_{k_1} q_{k_2} q_{k_3} = q_1 q_2 q_3 q_4 q_5$$

所以，顶事件的发生概率为

$$g = (q_1 q_3 + q_2 q_3 + q_2 q_4 q_5) - (q_1 q_2 q_3 + q_1 q_2 q_3 q_4 q_5 + q_2 q_3 q_4 q_5) + q_1 q_2 q_3 q_4 q_5$$

由此例可以看出，若事故树的各个最小割集中彼此有重复事件时，其顶事件的发生概率可以用如下公式计算，这一公式可以通过理论推证求得。

$$g = \sum_{r=1}^{k} \prod_{x_i \in k_r} q_i - \sum_{1 \leqslant r < s \leqslant k} \prod_{x_i \in k_r \bigcup k_s} q_i + \cdots + (-1)^{k-1} \prod_{\substack{r=1 \\ x_i \in k_r}}^{k} q_i \qquad (3-15)$$

式中 r，s——最小割集的序号；

$x_i \in k_r \bigcup k_s$——第 i 个基本事件属于最小割集 k_r 和 k_s 的并集。即，或属于第 r 个最小割

集，或属于第 s 个最小割集。

这一公式是式（3-14）的一般形式。即当最小割集中彼此有重复事件时，就必须将式（3-14）展开，消去各个概率积中出现的重复因子。

【例 3-21】某事故树有 3 个最小割集：$k_1 = \{x_1, x_3\}$，$k_2 = \{x_2, x_3\}$，$k_3 = \{x_3, x_4\}$，各基本事件的发生概率分别为：$q_1 = 0.01$，$q_2 = 0.02$，$q_3 = 0.03$，$q_4 = 0.04$，求其顶事件的发生概率。

解： 由于各个最小割集中彼此有重复事件，根据式（3-15）计算顶事件的发生概率：

$$
\begin{aligned}
g &= (q_1 q_3 + q_2 q_3 + q_3 q_4) - (q_1 q_2 q_3 + q_1 q_3 q_4 + q_2 q_3 q_4) + q_1 q_2 q_3 q_4 \\
&= (0.01 \times 0.03 + 0.02 \times 0.03 + 0.03 \times 0.04) \\
&\quad - (0.01 \times 0.02 \times 0.03 + 0.01 \times 0.03 \times 0.04 + 0.02 \times 0.03 \times 0.04) \\
&\quad + 0.01 \times 0.02 \times 0.03 \times 0.04 \\
&= 0.0021 - 0.000042 + 0.00000024 \\
&= 0.00205824
\end{aligned}
$$

3. 用最小径集计算顶事件发生概率

用最小径集作事故树的等效图时，其结构为：顶事件与各个最小径集用与门连接，每个最小径集与其包含的各个基本事件用或门连接。因此，若各最小径集彼此间没有重复的基本事件，则可根据前述原则，先求最小径集内各基本事件的概率和，再求各最小径集的概率积，从而求出顶事件的发生概率，即：

$$
g = \prod_{r=1}^{p} \coprod_{x_i \in p_r} q_i \tag{3-16}
$$

式中　p_r——第 r 个最小径集，即 r 是最小径集的序号；

　　　p——最小径集的个数。

【例 3-22】某事故树共有如下 3 个最小径集：$p_1 = \{x_1, x_2\}$，$p_2 = \{x_3, x_4, x_7\}$，$p_3 = \{x_5, x_6\}$，各基本事件的发生概率分别为：q_1，q_2，$\cdots$，q_7，求其顶事件的发生概率。

根据式（3-16），其顶事件的发生概率为：

$$
\begin{aligned}
g &= \prod_{r=1}^{3} \coprod_{x_i \in p_r} q_i \\
&= \coprod_{x_i \in p_1} q_i \cdot \coprod_{x_i \in p_2} q_i \cdot \coprod_{x_i \in p_3} q_i \\
&= [1 - (1-q_1)(1-q_2)] \cdot [1 - (1-q_3)(1-q_4)(1-q_7)] \cdot [1 - (1-q_5)(1-q_6)]
\end{aligned}
$$

如果事故树的各最小径集中彼此有重复事件，则式（3-16）不成立。这与最小割集中有重复事件时的情况相仿，读者可试着自己分析。

各最小径集彼此有重复事件时，须将式（3-16）展开，消去可能出现的重复因子。通过理论推证，可以用下式计算顶事件的发生概率：

$$
g = 1 - \sum_{r=1}^{p} \prod_{x_i \in p_r} (1-q_i) + \sum_{1 \leqslant r < s \leqslant p} \prod_{x_i \in p_r \cup p_s} (1-q_i) - \cdots\cdots + (-1)^p \prod_{\substack{r=1 \\ x_i \in p_r}}^{p} (1-q_i)
$$

$$\tag{3-17}$$

式中　　　　r，s——最小径集的序号；

$x_i \in p_r \bigcup p_s$——第 i 个基本事件属于最小径集 p_r 和 p_s 的并集。

【例 3-23】 某事故树共有如下 3 个最小径集：$p_1 = \{x_1, x_4\}$，$p_2 = \{x_2, x_4\}$，$p_3 = \{x_3, x_5\}$，各基本事件的发生概率分别为：q_1，q_2，…，q_5，求其顶事件的发生概率。

解： 由于各最小径集中有重复事件，则根据式（3-17）计算：

$$
\begin{aligned}
g = {} & 1 - \left[(1-q_1)(1-q_4) + (1-q_2)(1-q_4) + (1-q_3)(1-q_5)\right] \\
& + \left[(1-q_1)(1-q_2)(1-q_4) + (1-q_1)(1-q_3)(1-q_4)(1-q_5)\right. \\
& \left. + (1-q_2)(1-q_3)(1-q_4)(1-q_5)\right] \\
& - \left[(1-q_1)(1-q_2)(1-q_3)(1-q_4)(1-q_5)\right]
\end{aligned}
$$

上述各个计算顶事件发生概率的公式中，以式（3-15）和式（3-17）最为实用，式（3-14）和式（3-16）分别是它们的特例。一般来讲，事故树的最小割集数目较少时，应用式（3-14）和式（3-15）；最小径集数目较少时，应用式（3-16）和式（3-17）。

另外还应注意，根据最小割集计算顶事件发生概率的两个公式，计算精度分别高于由最小径集计算顶事件发生概率的两个公式。因此，实际应用中，应尽量采用最小割集计算顶事件的发生概率。

4. 顶事件发生概率的近似计算

在系统的基本事件很多，并且由此而产生的最小割集和最小径集的数量也非常庞大的情况下，计算这类复杂系统的顶事件发生概率时，因为计算时间和计算机存储容量的限制，采用精确计算方法往往很困难。加之，在没有数据库的条件下，设备的故障率、人的失误概率均难于得到准确的数值，计算时多凭经验取值。这样，即便采取了精确算法，也会因凭经验取值的不准确而降低精确算法的意义。因此，实际计算中多采用近似算法。近似算法有好多种，现介绍以下几种。

（1）首项近似法　根据最小割集计算顶事件发生概率的公式：

$$
g = \sum_{r=1}^{k} \prod_{x_i \in k_r} q_i - \sum_{1 \leqslant r < s \leqslant k} \prod_{x_i \in k_r \bigcup k_s} q_i + \cdots + (-1)^{k-1} \prod_{\substack{r=1 \\ x_i \in k_r}} q_i
$$

设：

$$
\sum_{r=1}^{k} \prod_{x_i \in k_r} q_i = F_1
$$

$$
\sum_{1 \leqslant r < s \leqslant k} \prod_{x_i \in k_r \bigcup k_s} q_i = F_2
$$

$$
\vdots
$$

则：

$$
\prod_{\substack{r=1 \\ x_i \in k_r}} q_i = F_k
$$

则原式可写为：
$$
g = F_1 - F_2 + \cdots + (-1)^{k-1} F_k
$$

这样，可逐次求 F_1、F_2 的值，当认为满足计算精度时，就可停止计算。一般情况下，$F_1 \geqslant F_2$，$F_2 \geqslant F_3$，…，在近似过程中往往求出 F_1 就能满足要求，其余均忽略不计，即：

$$g \approx F_1 = \sum_{r=1}^{k} \prod_{x_i \in k_r} q_i \tag{3-18}$$

该式说明，顶事件发生概率近似等于所有最小割集发生概率的代数和。

（2）平均近似法　有时为了使近似值更接近精确值，对顶事件发生概率，取首项与第二项之半的差作为近似值，即：

$$g \approx F_1 - \frac{1}{2}F_2 \tag{3-19}$$

在利用式（3-19）计算顶事件发生概率过程中，可以得到一系列判别式：

$$g \leqslant F_1$$

$$g \geqslant F_1 - F_2$$

$$g \leqslant F_1 - F_2 + F_3$$

……

因此，F_1，$F_1 - F_2$，$F_1 - F_2 + F_3$，…，顺序给出了顶事件发生概率的近似上限与下限。

$$F_1 > g > F_1 - F_2$$

$$F_1 - F_2 + F_3 > g > F_1 - F_2$$

……

这样经过上下限的计算，便能得出精确的概率值，一般当基本事件发生概率值 $q_1 <$ 0.01 时，采用 $g = F_1 - \frac{1}{2}F_2$ 就可以得到较为精确的近似值。

（3）独立近似法　这种方法是基于把事故树各最小割（径）集间相同的基本事件视为无相同的基本事件，即认为各最小割（径）集是相互独立的，其计算公式为：

$$g \approx \coprod_{j=1}^{r} \prod_{x_i \in K_j} q_i \tag{3-20}$$

$$g \approx \coprod_{j=1}^{s} \prod_{x_i \in P_j} q_i \tag{3-21}$$

（三）概率重要度分析

结构重要度分析仅从事故树的结构上分析各基本事件的重要程度。如果考虑基本事件概率的增减对顶事件发生概率的影响程度，需要应用概率重要度分析。其方法是将顶事件发生概率函数 g 对自变量 $q_i (i = 1, 2, \cdots\cdots n)$ 求一次偏导，所得数值为该基本事件的概率重要度系数：

$$I_g(i) = \frac{\partial g}{\partial q_i} \tag{3-22}$$

式中　$I_g(i)$——基本事件 x_i 的概率重要度系数。

概率重要度系数 $I_g(i)$ 也就是顶事件发生概率对基本事件 x_i 发生概率的变化率，据此即可评定各基本事件的概率重要度。通过各基本事件概率重要度系数的大小就可以知道，降低哪个基本事件的发生概率能够迅速、有效地降低顶事件的发生概率。

【例 3-24】某事故树有 4 个最小割集：$k_1 = \{x_1, x_3\}, k_2 = \{x_1, x_5\}, k_3 = \{x_3, x_4\}, k_4 = \{x_2, x_4, x_5\}$。各基本事件发生概率分别为：$q_1 = 0.01, q_2 = 0.02, q_3 = 0.03, q_4 = 0.04, q_5 = 0.05$。试进行概率重要度分析。

解： 由式（3-15），顶事件发生概率函数 g 为：

$$g = (q_1 q_3 + q_1 q_5 + q_3 q_4 + q_2 q_4 q_5)$$
$$- (q_1 q_3 q_5 + q_1 q_3 q_4 + q_1 q_2 q_3 q_4 q_5 + q_1 q_3 q_4 q_5 + q_1 q_2 q_4 q_5 + q_2 q_3 q_4 q_5)$$
$$+ (q_1 q_3 q_4 q_5 + q_1 q_2 q_3 q_4 q_5 + q_1 q_2 q_3 q_4 q_5 + q_1 q_2 q_3 q_4 q_5)$$
$$- q_1 q_2 q_3 q_4 q_5$$

根据上式，即可由式（3-22）求出各基本事件的概率重要度系数：

$$g = q_1 q_3 + q_1 q_5 + q_3 q_4 + q_2 q_4 q_5 - q_1 q_3 q_5 - q_1 q_3 q_4$$
$$- q_1 q_2 q_4 q_5 - q_2 q_3 q_4 q_5 + q_1 q_2 q_3 q_4 q_5$$

$$I_g(1) = \frac{\partial g}{\partial q_1} = q_3 + q_5 - q_3 q_5 - q_3 q_4 - q_2 q_4 q_5 + q_2 q_3 q_4 q_5$$
$$= 0.0773$$

$$I_g(2) = \frac{\partial g}{\partial q_2} = q_4 q_5 - q_1 q_4 q_5 - q_3 q_4 q_5 + q_1 q_3 q_4 q_5$$
$$= 0.0019$$

$$I_g(3) = \frac{\partial g}{\partial q_3} = q_1 + q_4 - q_1 q_5 - q_1 q_4 - q_2 q_4 q_5 + q_1 q_2 q_4 q_5$$
$$= 0.049$$

$$I_g(4) = \frac{\partial g}{\partial q_4} = q_3 + q_2 q_5 - q_1 q_3 - q_1 q_2 q_5 - q_2 q_3 q_5 + q_1 q_2 q_3 q_5$$
$$= 0.031$$

$$I_g(5) = \frac{\partial g}{\partial q_5} = q_1 + q_2 q_4 - q_1 q_3 - q_1 q_2 q_4 - q_2 q_3 q_4 + q_1 q_2 q_3 q_4$$
$$= 0.010$$

然后，根据概率重要度系数的大小，排列出各基本事件的概率重要度顺序如下：

$$I_g(1) > I_g(3) > I_g(4) > I_g(5) > I_g(2)$$

由上述顺序可知，缩小基本事件 x_1 的发生概率能使顶事件的发生概率下降速度较快，比以同样数值减少其他任何基本事件的发生概率效果都好。其次依次是 x_3，x_4，x_5，最不敏感的是 x_2。

分析上例还可以看到：一个基本事件的概率重要度系数大小，并不取决于它本身概率值的大小，而取决于它所在最小割集中其他基本事件的概率大小。

若所有基本事件的发生概率都等于 1/2 时，概率重要度系数等于结构重要度系数，即：

$$I_\Phi(i) = I_g(i)\big|_{q_i=\frac{1}{2}} \quad (i=1,2,\cdots,n) \tag{3-23}$$

利用这一特点，可以用定量化手段求得结构重要度系数。

(四) 临界重要度分析

由于一个基本事件的概率重要度与该基本事件自身发生概率的大小无关。一般情况下，减少概率大的基本事件的概率要比减少概率小的容易，而概率重要度系数并未反映这一事实，因此，它不是从本质上反映各基本事件在事故树中的重要程度。而临界重要度系数则从敏感度和概率双重角度衡量各基本事件的重要度标准，其定义式为：

$$I_c(i) = \frac{\partial \ln g}{\partial \ln q_i} = \frac{\partial g}{g} \Big/ \frac{\partial q_i}{q_i} = \frac{q_i}{g} I_g(i) \tag{3-24}$$

式中 $I_c(i)$——基本事件 x_i 的临界重要度系数。

【例 3-25】按照上例的条件，进行临界重要度分析。

由【例 3-24】求出：

$$g = q_1 q_3 + q_1 q_5 + q_3 q_4 + q_2 q_4 q_5 - q_1 q_3 q_5 - q_1 q_3 q_4$$
$$- q_1 q_2 q_4 q_5 - q_2 q_3 q_4 q_5 + q_1 q_2 q_3 q_4 q_5$$

代入各基本事件的发生概率值，得

$$g = 0.002011412$$

由式 (3-24)，有：

$$I_c(1) = \frac{q_1}{g} I_g(1) = \frac{0.01}{0.002011412} \times 0.0773 \approx 0.3843$$

同样，可求得其他各基本事件的临界重要度系数为：

$$I_c(2) \approx 0.0189, \quad I_c(3) \approx 0.7308,$$
$$I_c(4) \approx 0.6165, \quad I_c(5) \approx 0.2486$$

各基本事件的临界重要度顺序如下：

$$I_c(3) > I_c(4) > I_c(1) > I_c(5) > I_c(2)$$

对照【例 3-24】，与概率重要度相比，基本事件 x_1 的重要性下降了，这是因为它的概率值最小；基本事件 x_3 的重要性提高了，这不仅是因为它对顶事件发生概率影响较大，而且它本身的发生概率值也较 x_1 大。

三种重要度，结构重要度反映出事故树结构上基本事件的位置重要度，概率重要度反映基本事件概率的增减对顶事件发生概率的敏感性，而临界重要度则从敏感性和自身发生概率大小双重角度衡量基本事件的重要程度。当进行系统设计或安全分析时，计算各基本事件的重要度系数，按重要度系数大小进行排列，以便安排采取措施的先后顺序，避免盲目性。

八、事故树分析适用性分析

(一) 目的

1. 识别导致事故的基本事件（基本的设备故障）与人为失误的组合，可以提供设法避免或减少导致事故基本原因的线索，从而降低事故发生的可能性。

2. 对导致灾害事故的各种因素及逻辑关系能够作出全面、简洁和形象的描述。

3. 便于查明系统内固有的或潜在的各种危险因素，为设计、施工和管理提供科学的依据。

4. 可使有关人员、作业人员全面了解和掌握各项防范灾害的要点。

（二）适用范围

事故树分析可以基于系统的各个层次，对系统、子系统、组件、程序、工作环境等都可采用这种分析方法。事故树分析方法的应用具有两个突出的方面：一是在系统设计、研发阶段主动分析可以预测和阻止未来可能出现的问题；另一方面则是事故发生后可被动找出事故的致因。因而事故树分析涵盖了系统生命周期从设计早期阶段至使用维护各个阶段，且适用领域非常广泛，如建筑、化工、采矿、冶金等行业。

（三）特点

1. 事故树分析是一种图形演绎方法，是事故事件在一定条件下的逻辑推理方法。它可以围绕某特定的事故作层层深入的分析，因而在清晰的事故树图形下，表达系统内各事件间的内在联系，并指出单元故障与系统事故之间的逻辑关系，便于找出系统的薄弱环节。

2. FTA 具有很大的灵活性，不仅可以分析某些单元故障对系统的影响，还可以对导致系统事故的特殊原因如人为因素、环境影响进行分析。

3. 进行 FTA 的过程，是一个对系统更深入认识的过程，它要求分析人员把握系统内各要素间的内在联系，弄清各种潜在因素对事故发生影响的途径和程度，因而许多问题在分析的过程中就被发现和解决了，从而提高了系统的安全性

4. 利用事故树模型可以定量计算复杂系统发生事故的概率，为改善和评价系统安全性提供了定量依据。

（四）不足之处

事故树分析还存在许多不足之处，主要是：

1. FTA 需要花费大量的人力、物力和时间。

2. FTA 的难度较大，建树过程复杂，需要经验丰富的技术人员参加，即使这样，也难免发生遗漏和错误。

3. FTA 只考虑（0，1）状态的事件，而大部分系统存在局部正常、局部故障的状态，因而建立数学模型时，会产生较大误差。

4. FTA 虽然可以考虑人的因素，但人的失误很难量化。

（五）所需资料

有关生产工艺及设备性能资料，故障率数据。

思　考　题

1. 安全系统工程的研究内容主要有哪些？

2. 安全检查表主要包括哪几种类型？

3. SCL 的编制依据和程序。

4. 编制学生宿舍防火安全检查表。

5. 简述 PHA 的程序。

6. 简述 FMEA 的程序。

7. HAZOP 的基本步骤有哪些?

8. 危险性和可操作性研究中,其引导词有哪几个?

9. HAZOP 主要适用于什么场合? 表格中主要包括哪几个方面的内容?

10. 试分析危险性和可操作性研究应用在连续过程与间歇过程的区别。

11. 事件树的基本原理是什么?

12. 如何绘制成功树? 并举例说明。

13. 利用最小割集或最小径集进行结构重要度排序,应遵循哪些原则?

14. 简述最小割集在事故树分析中的作用。

15. 简述最小径集在事故树分析中的作用。

16. 试分析系统安全分析方法在产品、项目生命循环周期各阶段的应用。

第四章　系　统　安　全　评　价

安全评价是安全系统工程的重要组成部分，国外也称为风险评价或危险评价，它是以实现工程、系统安全为目的，应用安全系统工程原理和方法，对工程、系统中存在的危险、有害因素进行辨识与分析，判断工程、系统发生事故和职业危害的可能性及其严重程度，从而为制定防范措施和管理决策提供科学依据。安全评价既需要安全评价理论的支撑，又需要理论与实际经验的结合，二者缺一不可。

第一节　概　　　述

系统安全评价（system safety evaluation）是对已知系统的工艺、装备、控制等诸方面具备的可靠性、安全性进行评定。这种评定是在系统安全分析之后进行的。

安全评价技术起源于 20 世纪 30 年代，是随着保险业的发展需要而发展起来的。安全评价技术在 20 世纪 60 年代得到了很大的发展，首先使用于美国军事工业，在实践过程中，逐渐发展了系统安全工程的理论和方法，陆续推广到航空、航天、核工业、石油、化工等领域，并不断发展、完善，成为现代安全系统工程的一种新的理论、方法体系，在当今安全科学中占有非常重要的地位。

20 世纪 80 年代初期，安全系统工程引入我国，受到许多大中型生产经营单位和行业管理部门的高度重视。为推动和促进安全评价方法在我国生产经营单位安全管理中的实践和应用，从法律法规和制度层面，将安全评价上升到保障安全生产的基本政策。

一、安全评价目的和作用

1. 安全评价目的是查找、分析和预测工程、系统、生产经营活动中存在的危险、有害因素及可能导致的危险、危害后果和程度，提出合理可行的安全对策措施，指导危险源监控和事故预防，以达到最低事故率、最少损失和最优的安全投资效益。具体而言，包括以下内容：

（1）从计划、设计、建设、生产等全过程中考虑安全技术和管理问题，辨识生产过程中的危险、有害因素。

（2）对危险、有害因素导致事故发生的原因进行分析，寻求控制事故的最优方案。

（3）分析、计算研究对象存在的危险性、导致事故后果的严重程度和频率大小，评价其安全性。

（4）明确系统的危险所在，制定消除和控制危险、有害因素的技术措施和管理措施，降低事故发生的概率。

（5）促进实现安全管理系统化，形成教育训练、日常检查、操作维修、应急处置等完整的安全管理体系。

(6) 实现安全技术与管理的标准化和科学化。

2. 安全评价的作用：

(1) 可以使系统有效地减少事故和职业危害。

(2) 可以系统地进行安全管理。

(3) 可以用最少的投资达到最佳安全效果。

(4) 可以促进各项安全标准制定和可靠性数据积累。

(5) 可以迅速提高安全技术人员业务水平。

二、安全评价分类

根据《安全评价通则》AQ 8001—2007，安全评价按照实施的阶段分为安全预评价、安全验收评价和安全现状评价三种。

（一）安全预评价

在建设项目可行性研究阶段、工业园区规划阶段或生产经营活动组织实施之前，根据相关的基础资料，辨识与分析建设项目、工业园区、生产经营活动潜在的危险、有害因素，确定其与安全生产法律法规、规章、标准、规范的符合性，预测发生事故的可能性及其严重程度，提出科学、合理、可行的安全对策措施建议，做出安全评价结论的活动。

（二）安全验收评价

在建设项目竣工后正式生产运行前或工业园区建设完成后，通过检查建设项目安全设施与主体工程同时设计、同时施工、同时投入生产和使用的情况或工业园区内的安全设施、设备、装置投入生产和使用的情况，检查安全生产管理措施到位情况，检查安全生产规章制度健全情况，检查事故应急救援预案建立情况，审查确定建设项目、工业园区建设满足安全生产法律法规、规章、标准、规范要求的符合性，从整体上确定建设项目、工业园区的运行状况和安全管理情况，做出安全验收评价结论的活动。

（三）安全现状评价

针对生产经营活动中、工业园区内的事故风险、安全管理等情况，辨识与分析其存在的危险、有害因素，审查确定其与安全生产法律法规、规章、标准、规范要求的符合性，预测发生事故或造成职业危害的可能性及其严重程度，提出科学、合理、可行的安全对策措施建议，做出安全现状评价结论的活动。安全现状评价既适用于对一个生产经营单位或一个工业园区的评价，也适用于某一特定的生产方式、生产工艺、生产装置或作业场所的评价。

第二节 安全评价的内容和程序

一、安全评价的内容

安全评价是一个利用安全系统工程原理和方法识别和评价系统、工程存在的风险的过程，这一过程包括危险、有害因素识别及危险和危害程度评价两部分。危险、有害因素识别的目的在于识别危险来源；危险和危害程度评价的目的在于确定来自危险源的危险性、危险程度、应采取的控制措施以及采取控制措施后仍然存在的危险性是否可以被接受。在实际的安全评价过程中，这两个方面是不能截然分开、孤立进行的，而是相互交叉、相互重叠于整个评价工作中。安全评价的基本内容如图 4-1 所示。

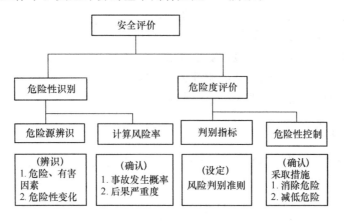

图 4-1　安全评价的基本内容

随着现代科学技术的发展，在安全技术领域，已由以往主要研究、处理那些已经发生和必然发生的事件，发展为主要研究、预判和防止那些还没有发生，但有可能发生的事件，并把这种事件发生的可能性具体化为一个数量指标，计算事故发生的概率，划分危险等级，制定安全标准和对策措施，并对其进行综合比较和评价，从中选择最佳的方案，预防事故的发生。

安全评价通过危险性识别及危险度评价，客观地描述系统的危险程度，指导人们预先采取相应措施，来降低系统的危险性。

二、安全评价的程序

安全评价的程序主要包括：准备阶段，危险、有害因素辨识与分析，定性定量评价，提出安全对策措施，形成安全评价结论及建议，编制安全评价报告，具体程序如图 4-2 所示。

1. 准备阶段。明确被评价对象和范围，收集国内外相关法律法规、技术标准及工程、系统技术资料。了解同类设备、设施或工艺的生产和事故情况，评价对象的地理、气象条件及社会环境状况等。

2. 危险、有害因素辨识。根据被评价的工程、系统的情况，识别和分析危险、有害因素，确定危险、有害因素存在的部位，存在的方式，事故发生的原因和机制。

3. 定性定量评价。在危险、危害因素识别和分析的基础上，划分评价单元，选择合理的评价方法，对工程、系统发生事故的可能性和严重性进行定性、定量评价。

4. 提出降低或控制风险的安全对策措施。根据评价和分析结果，高于标准值的风险要采取工程技术或组织管理措施，降低或控制风险。低于标准值的风险属于可接受或允许的风险，应建立监测系统，防止生产条件变化导致风险值增加。对不可排除的风险要采取防范措施。

5. 做出确切的安全评价结论。通常情况下，安全评价结论的主要内容应包括：1）对

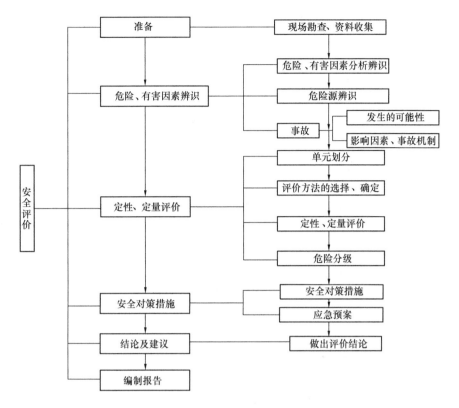

图 4-2 安全评价的程序

评价结果的分析；2）评价结论，即评价对象是否符合国家安全生产法规、标准要求、评价对象在采取所要求的安全对策措施后达到的安全程度；3）需要持续改进的方向。

6.安全评价报告的编制。依据安全评价的结果编制相应的安全评价报告。

第三节　安全评价的原理和原则

一、安全评价原理

虽然安全评价的领域、种类、方法、手段种类繁多，而且评价系统的属性、特征及事件的随机性千变万化，各不相同，究其思维方式却是一致的，可归纳为以下四个基本原理，即：相关性原理、类推原理、惯性原理和量变到质变原理。

（一）相关性原理

一个系统，其属性、特征与事故和职业危害存在着因果的相关性，这是系统因果评价方法的理论基础。

1.系统的基本特征

安全评价把研究的所有对象都视为系统。系统是指为实现一定的目标，由多种彼此有机联系的要素组成的整体。系统有大有小，千差万别，但所有的系统都具有以下普遍的基本特征。

（1）目的性：任何系统都具有目的性，要实现一定的目标（功能）。

（2）集合性：指一个系统是由若干个两个以上的元素组成的一个系统整体，或是由各层次的要素（子系统、单元、元素集）集合组成的一个系统整体。

（3）相关性：即一个系统内部各要素（或元素）之间存在着相互影响、相互作用、相互依赖的有机联系，通过综合协调，实现系统的整体功能。

（4）阶层性：在大多数系统中，存在着多阶层性，通过彼此作用，互相影响、制约，形成一个系统整体。

（5）整体性：系统的要素集、相关关系集、各阶层构成了系统的整体。

（6）适应性：系统对外部环境的变化有着一定的适应性。

每个系统都有着自身的总目标，而构成系统的所有子系统、单元都为实现这一总目标而实现各自的分目标。如何使这些目标达到最佳，这就是系统工程要研究解决的问题。

系统的整体目标（功能）是由组成系统的各子系统、单元综合发挥作用的结果。因此，不仅系统与子系统之间，子系统与单元之间有着密切的关系，而且各子系统之间、各单元之间、各元素之间也都存在着密切的相关关系。所以，在评价过程中只有找出这种相关关系，并建立相关模型，才能正确地对系统的安全性做出评价。

2. 因果关系

有因才有果，这是事物发展变化的规律。事物的原因和结果之间存在着类似函数一样的密切关系。研究、分析各个系统之间的依存关系和影响程度就可以探求其变化的特征和规律，并可以预测其未来状态的发展变化趋势。

事故和导致事故发生的各种原因（危险因素）之间存在着相关关系，表现为依存关系和因果关系；危险因素是原因，事故是结果，事故的发生是由许多因素综合作用的结果。分析各因素的特征、变化规律、影响事故发生和事故后果的程度以及从原因到结果的途径，揭示其内在联系和相关程度，才能在评价中得出正确的分析结论，采取恰当的对策措施。

在评价系统中，找出事故发展过程中的相互关系，借鉴历史、同类情况的数据、典型案例等，建立起接近真实情况的数学模型，则评价会取得较好的效果，而且越接近真实情况，效果越好，评价得越准确。

（二）类推原理

"类推"亦称"类比"。类推推理是人们经常使用的一种逻辑思维方法，常用于作为推出一种新知识的方法。它是根据两个或两类对象之间存在着某些相同或相似的属性，从一个已知对象还具有某个属性来推出另一个对象具有此种属性的一种推理。它在人们认识世界和改造世界的活动中，有着非常重要的作用，在安全生产、安全评价中同样也有着特殊的意义和重要的作用。

其基本模式为：

若 A、B 表示两个不同对象，A 有属性 P_1、P_2、……、P_m、P_n，B 有属性 P_1、P_2、……、P_m，则对象 A 与 B 的推理可用如下公式表示：

$$A \text{ 有属性 } P_1、P_2、……、P_m、P_n;$$
$$B \text{ 有属性 } P_1、P_2、……、P_m;$$
$$\text{所以，} B \text{ 也有属性 } P_n(n>m)$$

类比推理的结论是或然性的。所以，在应用时要注意提高其结论可靠性，方法有：

1. 要尽量多地列举两个或两类对象所共有或共缺的属性；

2. 两个类比对象所共有或共缺的属性越本质，则推出的结论越可靠；

3. 两个类比对象共有或共缺的对象与类推的属性之间具有本质和必然的联系，则推出结论的可靠性就高。

类比推理常常被人们用来类比同类装置或类似装置的职业安全的经验、教训，采取相应的对策措施防患于未然，实现安全生产。

类推评价法的种类及其应用领域取决于评价对象事件与先导事件之间联系的性质。若这种联系可用数字表示，则称为定量类推；如果这种联系关系只能定性处理，则称为定性类推。常用的类推方法有平衡推算法、代替推算法、因素推算法、抽样推算法、比例推算法和概率推算法六种。

（三）惯性原理

任何事物在其发展过程中，从其过去到现在以及延伸至将来，都具有一定的延续性，这种延续性称为惯性。

利用惯性可以研究事物或一个评价系统的未来发展趋势。如从一个单位过去的安全生产状况、事故统计资料找出安全生产及事故发展变化趋势，以推测其未来安全状态。

利用惯性原理进行评价时应注意以下两点：

1. 惯性的大小

惯性越大，影响越大；反之，则影响越小。

例如，一个生产经营单位如果疏于管理，违章作业、违章指挥、违反劳动纪律严重，事故就多，若任其发展则会越演越烈，而且有加速的态势，惯性越来越大。对此，必须要立即采取相应对策措施，破坏这种格局，亦即中止或改变这种不良惯性，才能防止事故的发生。

2. 一个系统的惯性是这个系统内的各个内部因素之间互相联系、互相影响、互相作用，按照一定的规律发展变化的一种状态趋势。因此，只有当系统是稳定的，受外部环境和内部因素的影响产生的变化较小时，其内在联系和基本特征才可能延续下去，该系统所表现的惯性发展结果才基本符合实际。但是，绝对稳定的系统是没有的，因为事物发展的惯性在受外力作用时，可使其加速或减速甚至改变方向。这样就需要对一个系统的评价进行修正，即在系统主要方面不变，而其他方面有所偏离时，就应根据其偏离程度对所出现的偏离现象进行修正。

（四）量变到质变原理

任何一个事物在发展变化过程中都存在着从量变到质变的规律。同样，在一个系统中，许多有关安全的因素也都存在着量变到质变的规律；在评价一个系统的安全时，也都离不开从量变到质变的原理。因此，在安全评价时，考虑各种危险、有害因素，对人体的危害，以及采用的评价方法进行等级划分等，均需要应用量变到质变的原理。

上述原理是人们经过长期研究和实践总结出来的。在实际评价工作中，人们综合应用基本原理指导安全评价，并创造出各种评价方法，进一步在各个领域中加以运用。

二、安全评价的原则

安全评价是落实"安全第一，预防为主"方针的重要技术保障，是安全生产监督管理的重要手段。安全评价工作以国家有关安全的方针、政策和法律、法规、标准为依据，运用定量和定性的方法对建设项目或生产经营单位存在的职业危险、有害因素进行识别、分析和评价，提出预防、控制、治理对策措施，为建设单位或生产经营单位减少事故发生的风险、为政府主管部门进行安全生产监督管理提供科学依据。

安全评价是关系到被评价项目能否符合国家规定的安全标准，能否保障劳动者安全与健康的关键性工作。由于这项工作不但具有较复杂的技术性，还有很强的政策性。因此，要做好这项工作，必须以被评价项目的具体情况为基础，以国家安全法规及有关技术标准为依据，用严肃的科学态度，认真负责的精神，强烈的责任感和事业心，全面、仔细、深入地开展和完成评价任务。在工作中必须自始至终遵循科学性、公正性、合法性和针对性原则。

（一）合法性

安全评价是国家以法规形式确定下来的一种安全管理制度，安全评价机构和评价人员必须由国家安全生产监督管理部门予以资质核准和资格注册，只有取得了认可的单位才能依法进行安全评价工作。政策、法规、标准是安全评价的依据，政策性是安全评价工作的灵魂。所以，承担安全评价工作的单位必须在国家安全生产监督管理部门的指导、监督下严格执行国家及地方颁布的有关安全的方针、政策、法规和标准等；在具体评价过程中，全面、仔细、深入地剖析评价项目或生产经营单位在执行产业政策、安全生产和劳动保护政策等方面存在的问题，并且在评价过程中主动接受国家安全生产监督管理部门的指导、监督和检查，力争为项目决策、设计和安全运行提出符合政策、法规、标准要求的评价结论和建议，为安全生产监督管理提供科学依据。

（二）科学性

安全评价涉及学科范围广，影响因素复杂多变。安全预评价在实现项目的本质安全上有预测、预防性；安全现状综合评价在整个项目上具有全面的现实性；验收安全评价在项目的可行性上具有较强的客观性。为保证安全评价能准确地反映被评价项目的客观实际和结论的正确性，在开展安全评价的全过程中，必须依据科学的方法、程序，以严谨的科学态度全面、准确、客观地进行工作，提出科学的对策措施，做出科学的结论。

受一系列不确定因素的影响，安全评价在一定程度上存在误差。评价结果的准确性直接影响到决策的正确，安全设计的完善，运行是否安全、可靠。因此，对评价结果进行验证十分重要。为不断提高安全评价的准确性，评价单位应有计划、有步骤地对同类装置、国内外的安全生产经验、相关事故案例和预防措施以及评价后的实际运行情况进行考察、分析、验证，利用建设项目建成后的事后评价进行验证，并运用统计方法对评价误差进行统计和分析，以便改进原有的评价方法和修正评价的参数，不断提高评价的准确性、科学性。

（三）公正性

评价结论是评价项目的决策依据、设计依据、能否安全运行的依据，也是国家安全生产监督管理部门在进行安全监督管理的执法依据。因此，对于安全评价的每一项工作都要做到客观和公正。既要防止受评价人员主观因素的影响，又要排除外界因素的干扰，避免出现不合理、不公正。

（四）针对性

进行安全评价时，首先应针对被评价项目的实际情况和特征，收集有关资料，对系统进行全面地分析；其次要对众多的危险、有害因素及单元进行筛选，针对主要的危险、有害因素及重要单元应进行重点评价；并辅以重大事故后果和典型案例进行分析、评价。由于各类评价方法都有特定适用范围和使用条件，要有针对性地选用评价方法；最后要从实际的经济、技术条件出发，提出有针对性的、操作性强的对策措施，对被评价项目做出客观、公正的评价结论。

三、安全评价的限制因素

根据经验和预测技术、方法进行的安全评价在理论和实践着上都还存在很多限制，应该认识到在安全评价结果的基础上做出的安全管理决策的质量，与对被评价对象的了解程度、对危险可能导致事故的认识程度和采用安全评价方法的准确性等有关。安全评价存在的限制因素主要来自：

（一）评价方法

安全评价方法多种多样，各有其适用对象，各有其优缺点，各有其局限性。许多方法是利用过去发生过的事件的概率和危害程度做出推断，往往对高风险性事件更为关注，而高风险事件通常发生概率很小，概率值误差很大，因此在预测低风险事件危险度时可能会得出不符合实际的判断。有时在利用定量评价方法计算绝对风险度时，选取事件的发生频率和事故的严重度的基准标准不准时，得出的结果可能会有高达数倍的误差。另外，方法的误用也会导致错误或不准确的评价结果。

（二）评价人员的素质和经验

许多安全评价具有高度的主观性，评价结果与假设条件密切相关。不同的评价人员使用相同的资料评价同一个对象，由于评价人员的业务素质不同，可能会得出不同的结果。尽管有很多经验性的预测方法，安全评价的质量在很大程度上还取决于判断正确与否，尤其是假设条件。只有训练有素且经验丰富的安全评价从业人员，才能得心应手地使用各种安全评价方法，辅以丰富的经验，得出正确的评价结论。

在很多情况下，由于许多事故在评价前并未发生过，安全评价使用定性方法来确定潜在事故的危险性，依靠评价人员个人或集体的智慧来判断确定可能导致事故的原因及其产生的后果，评价结果的可靠性往往与评价人员的技术素质和经验相关。

第四节　安全评价方法分类和选用

安全评价方法是进行定性、定量安全评价的工具，目前，安全评价方法有很多种，每种评价方法都有其适用范围和应用条件。在进行安全评价时，应该根据安全评价对象和需要实现的安全评价目标，选择适用的安全评价方法。

一、安全评价方法的分类

（一）按安全评价结果的量化程度分类

1. 定性安全评价方法。定性安全评价方法主要是根据经验和直观判断能力对生产系统的工艺、设备、设施、环境、人员和管理等方面的状况进行定性的分析，安全评价的结果是一些定性的指标，如是否达到了某项安全指标、事故类别和导致事故发生的因素等。其评价过程简单，容易理解和掌握，但是其主要是依赖评价人员的经验，有一定的局限性。常见的定性安全评价方法包括：安全检查表法（SCL）、预先危险性分析（PHA）、故障类型和影响分析（FMEA）和危险性与可操作性研究（HAZOP）等。

2. 定量安全评价方法。定量安全评价方法是运用基于大量的实验结果和广泛的事故资料统计分析获得的指标或规律（数学模型），对生产系统的工艺、设备、设施、环境、人员和管理等方面的状况进行定量的计算，安全评价的结果是一些定量的指标。如事故发生的概率、事故的伤害（或破坏）范围、定量的危险性、事故致因因素的事故关联度或重要度等。按照安全评价给出的定量结果的类别不同，定量安全评价方法还可以分为概率风险评价法、伤害（或破坏）范围评价法和危险指数评价法。

（二）按照安全评价的逻辑推理过程分类

1. 归纳推理评价法。从事故原因推论结果的评价方法，即从最基本危险、有害因素开始，逐渐分析导致事故发生的直接因素，最终分析到可能的事故。

2. 演绎推理评价法。从结果推论原因的评价方法，即从事故开始，推论导致事故发生的直接因素，再分析与直接因素相关的之间因素，最终分析和查找出致使事故发生的最基本危险、有害因素。

（三）按照安全评价要达到的目的分类

1. 事故致因因素安全评价方法。采用逻辑推理的方法，由事故推论最基本危险、有害因素或由最基本危险、有害因素推论事故的评价法，该类方法适用于识别系统的危险、有害因素和分析事故，这类方法一般属于定性安全评价法。

2. 危险性分级安全评价方法。通过定性或定量分析给出系统危险性的安全评价方法，该类方法适用于系统的危险性分级，该类方法可以是定性安全评价法，也可以是定量安全评价法。

3. 事故后果安全评价方法。可以直接给出定量的事故后果，给出的事故后果可以是系统事故发生的概率、事故的伤害（或破坏）范围、事故的损失或定量的系统危险性等。

（四）按照评价对象分类

按照评价对象的不同，安全评价方法可分为设备（设施或工艺）故障率评价法、人员失误率评价法、物质系数评价法、系统危险性评价法等。

二、安全评价方法的选用

任何一种安全评价方法都有其各自的适用范围。选择安全评价方法应遵循充分性原则、适用性原则、系统性原则、针对性原则和合理性原则，并根据各方法的特点（见表4-1）进行选择。同时在选择安全评价方法时应充分考虑评价系统的特点、评价的具体目标和要求的最终结果、评价所需资料情况、安全评价人员情况等因素。

安全评价方法及其特点

表 4-1

编号	评价方法	评价目标	方法特点	适用范围	应用条件	方法优缺点
1	安全检查表（SCL）	危险有害因素分析、安全等级	按事先编制的有标准要求的检查表逐项检查按规定赋分标准赋分评定安全等级	各类系统的设计、验收、运行、管理、事故调查	有事先编制的各类检查表有赋分、评级标准	简便、易于掌握、编制检查表难度及工作量大

编号	评价方法	评价目标	方法特点	适用范围	应用条件	方法优缺点
2	预先危险性分析（PHA）	危险有害因素分析、危险性等级	讨论分析系统存在的危险、有害因素、触发条件、事故类型，评定危险性等级	各类系统设计，施工、生产、维修前的概略分析和评价	分析评价人员熟悉系统，有丰富的知识和实践经验	简便易行，受分析评价人员主观因素影响
3	故障类型和影响分析（FMEA）	故障（事故）原因、影响程度等级	列表、分析系统（单元、元件）故障类型、故障原因、故障影响评定影响程序等级	机械电气系统、局部工艺过程，事故分析	有根据分析要求编制的表格	较复杂、详尽，受分析评价人员主观因素影响
4	危险性与可操作性研究（HAZOP）	偏离及其原因、后果对系统的影响	研究结果既可用于设计的评价，又可用于操作评价；既可用来编制、完善安全规程，又可作为可操作的安全教育材料	既适用于设计阶段，又适用于现有的生产装置	不需要有可靠性工程的专业知识，因而很容易掌握	较复杂、详尽，受分析评价人员主观因素影响
5	作业危害分析（JHA）	危险性等级	通过讨论，分析系统可能出现的偏离及原因、偏离后果对整个系统的影响	化工系统、热力、水力系统的安全分析	分析评价人员熟悉系统、有丰富的知识和实践经验	简便、易行，受分析评价人员主观因素影响
6	事件树（ETA）	事故原因、触发条件、事故概率	归纳法，由初始事件判断系统事故原因及条件内各事件概率计算系统事故概率	各类局部工艺过程、生产设备、装置事故分析	熟悉系统、元素间的因果关系、有各事件发生概率数据	简便、易行，受分析评价人员主观因素影响
7	事故树（FTA）	事故原因、事故概率	演绎法，由事故和基本事件逻辑推断事故原因，由基本事件概率计算事故概率	宇航、核电、工艺、设备等复杂系统事故分析	熟练掌握方法和事故、基本事件间的联系，有基本事件概率数据	复杂、工作量大、精确，事故树编制有误易失真
8	作业条件危险性评价（LEC）	危险性等级	按规定对系统的事故发生可能性、人员暴露状况、危险程序赋分，计算后评定危险性等级	各类生产作业条件	赋分人员熟悉系统，对安全生产有丰富知识和实践经验	简便、实用，受分析评价人员主观因素影响
9	道化学火灾、爆炸指数评价法（DOW）	火灾爆炸危险性等级、事故损失	根据物质、工艺危险性计算火灾爆炸指数，判定采取措施前后的系统整体危险性，由影响范围、单元破坏系数计算系统整体经济、停产损失	生产、贮存、处理燃爆、化学活泼性、有毒物质的工艺过程及其他有关工艺系统	熟练掌握方法、熟悉系统、有丰富知识和良好的判断能力，须有各类企业装置经济损失目标值	大量使用图表，简捷明了、参数取位宽、因人而异，只能对系统整体宏观评价

编号	评价方法	评价目标	方法特点	适用范围	应用条件	方法优缺点
10	帝国化学公司蒙德法（MOND）	火灾、爆炸、毒性及系统整体危险性等级	由物质、工艺、毒性、布置危险计算采取措施前后的火灾、爆炸、毒性和整体危险性指数，评定各类危险性等级	生产、贮存、处理燃爆、化学活泼性、有毒物质的工艺过程及其他有关工艺系统	熟练掌握方法、熟悉系统、有丰富知识和良好的判断能力	大量使用图表、简捷明了、参数取位宽、因人而异，只能对系统整体宏观评价
11	日本劳动省六阶段法	危险性等级	用检查表法定性评价，基准局法①定量评价，采取措施，用类比资料复评、I级危险性装置用 ETA、FTA 等方法再评价	化工厂和有关装置	熟悉系统、掌握有关方法、具有相关知识和经验有类比资料	综合应用几种办法反复评价，准确性高、工作量大
12	单元危险性快速排序法	危险性等级	由物质、毒性系数、工艺危险性系数计算火灾爆炸指数和毒性指标，评定单元危险性等级	同 DOW 法的适用范围	熟悉系统、掌握有关方法、具有相关知识和经验	DOW 法的简化方法，简捷方便、易于推广
13	模糊综合评价	安全等级	利用模糊矩阵运算的科学方法，对于多个子系统和多因素进行综合评价	各类生产作业条件	赋分人员熟悉系统，对安全生产有丰富知识和实践经验	简便、实用，受分析评价人员主观因素影响

① 日本劳动省劳动基准局。

三、安全评价方法

在表 4-1 所列的 13 种常用安全评价方法中，1～7 属于典型的系统安全分析方法，第 3 章已做相关说明，模糊综合评价将在第 6 章介绍；而单元危险性快速排序法是 DOW 法的简化模型，也不再单独介绍。本章只对作业条件危险性评价（LEC 法）、道化学火灾、爆炸指数评价法（DOW）和日本劳动省六阶段法进行简介。

（一）作业条件危险性评价

对于一个具有潜在危险性的作业条件，K. J. 格雷厄姆和 G. F. 金尼认为，影响危险性（D）的主要因素有 3 个：

1. L：发生事故或危险事件的可能性；
2. E：暴露于这种危险环境的情况；
3. C：事故一旦发生可能产生的后果。用公式来表示，则为：

$$D = L \cdot E \cdot C$$

1. 发生事故或危险事件的可能性（L）

事故或危险事件发生的可能性与其实际发生的概率相关。若用概率来表示时，绝对不可能发生的概率为 0；而必然发生的事件，其概率为 1。但在考察一个系统的危险性时，绝对不可能发生事故是不确切的，即概率为 0 的情况不确切 。所以，将实际上不可能发生的情况作为"打分"的参考点，定其分数值为 0.1。于是，将事故或危险事件发生可能性的分值从实际上不可能的事件为 0.1，经过完全意外有极少可能的分值 1，确定到完全会被预料到的分值 10 为止，如表 4-2 所示。

事故或危险事件发生可能性分值　　　　　　　　　　　　　　　表 4-2

分值	事故或危险情况发生可能性	分值	事故或危险情况发生可能性
10*	完全会被预料到	0.5	可以设想，但高度不可能
6	相当可能	0.2	极不可能
3	不经常	0.1*	实际上不可能
1*	完全意外，极少可能		

*为"打分"的参考点。

2. 暴露于危险环境的频率（E）

众所周知，作业人员暴露于危险作业条件的次数越多、时间越长，则受到伤害的可能性也就越大。同理，暴露频率也是以 10 和 1 为参考点，再在其区间根据在潜在危险作业条件中暴露情况进行划分，并对应地确定其分值。关于暴露于潜在危险环境的分值如表 4-3 所示。

暴露于潜在危险环境的分值　　　　　　　　　　　　　　　　表 4-3

分值	出现于危险环境的情况	分值	出现于危险环境的情况
10*	连续暴露于潜在危险环境	2	每月暴露一次
6	逐日在工作时间内暴露	1*	每年几次出现在潜在危险环境
3	每周一次或偶然地暴露	0.5	非常罕见地暴露

*为"打分"的参考点。

3. 发生事故或危险事件的可能结果（C）

造成事故或危险事故的人身伤害或物质损失可在很大范围内变化，以需要救护的轻微伤害的可能结果为基准点，规定值为 1，造成许多人死亡的可能结果规定为分值 100，作为另一个参考点，在两个参考点 1～100 之间，插入相应的中间值，列出表 4-4 所示的可能结果的分值。

发生事故或危险事件可能结果的分值　　　　　　　　　　　表 4-4

分值	可能结果	分值	可能结果
100*	大灾难，许多人死亡	7	严重，严重伤害
40	灾难，数人死亡	3	重大，致残
15	非常严重，一人死亡	1*	引人注目，需要救护

*为"打分"的参考点。

4. 危险性

确定了上述 3 个具有潜在危险性的作业条件的分值，并按公式进行计算，即可得危险性分值。据此，要确定其危险性程度时，则按表 4-5 所示的标准进行评定。

分值	危险程度	分值	危险程度
>320	及其危险，不能继续作业	20~70	可能危险，需要注意
160~320	高度危险，需要立即整改	<20	稍有危险，或许可以接受
70~160	显著危险，需要整改		

危险性分值　　　　　　　　　　　　　　　　表 4-5

由经验可知，危险性分值在 20 以下的环境属低危险性，一般可以被人们接受，这样的危险性比骑自行车通过拥挤的马路去上班之类的日常生活活动的危险性还要低。当危险性分值在 20~70 时，则需要加以注意；危险性分值为 70~160 的情况时，则有明显的危险，需要采取措施进行整改；同样，根据经验，当危险性分值在 160~320 的作业条件属高度危险的作业条件，必须立即采取措施进行整改。危险性分值在 320 分以上时，则表示该作业条件极其危险，应该立即停止作业直到作业条件得到改善为止。

（二）道化学火灾、爆炸指数评价法（DOW）

由美国道化学公司提出的火灾、爆炸危险指数评价法，简称 DOW 法，是一种最早的指数法。该方法以能代表重要物质在标准状态下的火灾、爆炸或放出能量的危险潜在能量的"物质系数"为基础，分别计算一般工艺危险系数和特殊工艺危险系数，进而确定工艺单元危险系数，求出"火灾、爆炸危险指数"，并根据指数的大小对装置的危险性程度进行分级。

由于篇幅和内容的限制，对火灾、爆炸危险指数及补偿系数不做介绍，仅介绍计算程序，并对方法计算说明进行简要介绍。

1. 评价计算程序

火灾、爆炸危险指数评价法风险分析计算程序如图 4-3 所示。

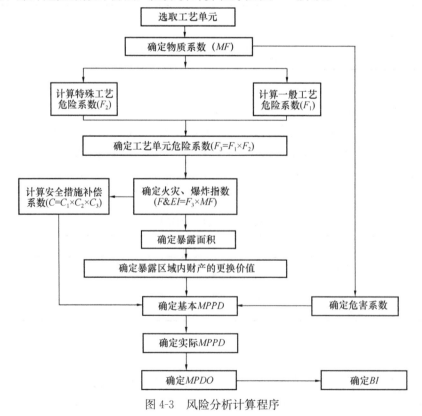

图 4-3　风险分析计算程序

2. DOW 方法计算说明

（1）选择工艺单元

确定评价单元：进行危险指数评价的第一步是确定评价单元，单元是装置的一个独立部分，与其他部分保持一定的距离，或用防火墙。

选择恰当工艺单元的重要参数有：①潜在化学能（危险物质），②工艺单元中危险物质的数量，③资金密度（每平方米美元数），④操作压力和操作温度，⑤导致火灾、爆炸事故的历史资料，⑥对装置起关键作用的单元，一般而言，参数值越大，则该工艺单元就越需要评价。

（2）物质系数的确定

物质系数 MF 表述物质由燃烧或其他化学反应引起的火灾、爆炸时释放能量大小的内在特性，是一个最基础的数值，由 NF 和 NR 求得。其中，NF 是物质可燃性，NR 表示化学活泼性（不稳定性）。通常，NF 和 NR 是针对正常温度环境而言的。当温度超过 60℃时要进行修正。

（3）工艺单元危险系数

工艺单元危险系数(F_3)包括一般工艺危险系数(F_1)和特殊工艺危险系数(F_2)。其中：

$$F_3 = F_1 \times F_2$$

计算工艺单元危险系数（F_3）中各项系数时，应选择物质在工艺单元中所处的最危险的状态，可以考虑的操作状态有：开车、连续操作和停车。

① 一般工艺危险系数

一般工艺危险是确定事故损害大小的主要因素，有放热反应、吸热反应、物料处理与输送、封闭单元或室内单元、通道、排放和泄漏控制共 6 项。

② 特殊工艺危险系数

特殊工艺危险是影响事故发生概率的主要因素，特定的工艺条件是导致火灾、爆炸事故的主要原因。特殊工艺危险有 12 项。

特殊工艺危险系数(F_2)＝基本系数＋所有选取的特殊工艺危险系数之和

工艺单元危险系数(F_3)＝一般工艺危险系数(F_1)×特殊工艺危险系数(F_2)

F_3 值的范围为：1～8，若 $F_3 > 8$，则按 8 计。

在此基础上，计算火灾、爆炸危险指数 $F\&EI$，$F\&EI = F_3 \times MF$

（4）火灾、爆炸危险指数

火灾、爆炸危险指数被用来估计生产事故可能造成的破坏。根据直接原因，易燃物泄漏并点燃后引起的火灾或燃料混合物爆炸的破坏情况分为：①冲击波或爆燃，②初始泄漏引起的火灾暴露，③容器爆炸引起的对管道与设备的撞击，④引起二次事故——其他可燃物的释放。

表 4-6 是 $F\&EI$ 值与危险程度之间的关系。

$F\&EI$ 及危险等级 表 4-6

$F\&EI$	危险等级	$F\&EI$	危险等级
1～60	最轻	128～158	很大
61～96	较轻	>159	非常大
97～127	中等		

$F\&EI$ 被汇总记入火灾、爆炸指数计算表中。建议保存有关 $F\&EI$ 的计算和文件，以备日后检查和校对。

（5）安全措施补偿系数

$$安全措施补偿系数 C = C_1 \times C_2 \times C_3$$

式中　C_1——工艺控制补偿系数；

　　　C_2——物质隔离补偿系数；

　　　C_3——防火措施补偿系数。

各补偿系数的确定方法不再详述。

（6）工艺单元危险分析汇总

除了火灾、爆炸指数（$F\&EI$），还可以计算暴露半径、暴露区域、暴露区域内财产价值、危害系数的确定、基本最大可能财产损失（Base $MPPD$）、安全措施补偿系数、实际最大可能财产损失（Actual $MPPD$）、最大可能工作日损失（$MPDO$）以及停产损失（BI）。

（三）日本劳动省六阶段法

日本劳动省于 1976 年颁布了化工厂安全评价指南，提出了六阶段安全评价法。这种方法将定性安全评价和定量安全评价进行了结合，即先从安全检查表入手，再计算出系统危险性大小的分值，然后根据所计算出来的分值制定相应的管理对策和技术对策，其评价内容及程序如图 4-4 所示。

第一阶段：资料准备

资料准备主要是负责搜集资料、熟悉政策和了解情况。其中所要搜集的资料主要包括以下几个方面：

1. 建厂条件、工厂布置、工艺流程和设备配置；

2. 原材料、产品和中间产品的理化性质；

3. 材料、产品的运输方式和储存方式；

4. 安全装置概况、人员配备、操作方式和组织机构。

此外，所要熟悉的政策包括相关法令、法规、政策和操作指南等。

第二阶段：定性评价

定性评价的主要任务是应用安全检查表对建厂条件、物质理化特性、工程系统图、各种设备、操作要领、人员配备、安全教育计划等进行检查和定性分析。

第三阶段：定量评价

定量评价首先应将系统划分为若干子系统，再把子系统中各单元的危险度定量，以其中最大的危险度作为子系统的危险度。单元的危险度由物质、容量、温度、压力和操作五个项目确定，其每个项目的危险度分别按 A（10 点），B（5 点），C（2 点），D（0 点）计分，然后取各点数之和作为单元的总危险分数 W_d，并根据 W_d 将单元的危险程度划分为三个等级，如表 4-7 所示。

危险等级对应关系

表 4-7

危险等级	I	II	III
危险分数 W_d	≥16	11～15	1～10
危险程度	高度危险	中度危险，需要同周围情况和其他子系统联系起来进行评价	低度危险

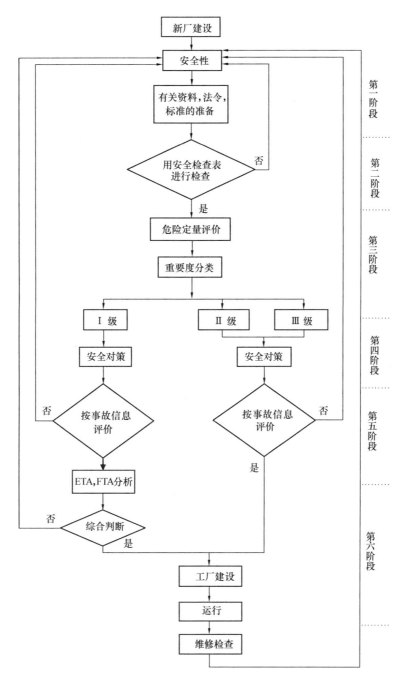

图 4-4 六阶段安全评价法内容及程序

第四阶段：对策制定

根据定量评价得出的危险等级，有针对性地拟定并实施安全技术措施和管理措施。

第五阶段：事故信息再评价

所谓事故信息再评价是指根据参照同类设备和工艺的历史事故资料进行再评价，若有需要改进的地方，应按照第四步的要求，重新讨论对策。对于危险程度为Ⅲ级或Ⅱ级的项目，在以上的评价结束之后，就可进行建设。

第六阶段：FTA 及 ETA 再评价

所谓 FTA 及 ETA 再评价是指对于危险程度为 I 级的项目，需要再用事故树和事件树安全分析方法再次进行评价，以便发现尚且不完善的地方，并进行改进，然后才能进行项目建设。

思　考　题

1. 试述安全评价的定义。
2. 安全评价通常分哪几类，各类之间有什么异同？
3. 安全评价依据的法规主要有哪几个？
4. 什么是风险判别指标和风险可接受标准？

第五章 系统安全预测

安全预测的发展首先来自于决策的需要，我国的安全预测技术相对于国外而言起步较晚，在我国始于 20 世纪 70 年代末期，21 世纪初期才形成一定规模。许多专家学者在吸取世界各国经验教训的基础上，根据我国的具体情况，将那些经过实践检验确有价值的研究成果引入国内，在近 30 年的时间里发展成为安全科学中的一个组成部分。安全分析是安全预测的基础，没有安全分析，就不可能有有效的安全预测与决策。

安全预测的一个重要作用是分析评价系统中各种不确定因素，以及每种因素所承担的风险与风险发生的程度，从而帮助管理者进行有效地抉择，达到系统安全运行的状态。因此，安全预测的主要目的是使决策的制定者了解风险发生的各种后果，并优化风险的决策。

预测是运用各种知识和科学手段，分析研究历史资料，对安全生产发展的趋势或可能的结果进行事先的推测和估计。也就是说，预测就是由过去和现在去推测未来，由已知去推测未知。预测由四部分组成，即预测信息、预测分析、预测技术和预测结果。系统安全预测就要预测造成事故后果的许多前级事件，包括起因事件、过程事件和情况变化；随着生产的发展以及新工艺、新技术的应用，预测会产生什么样的新危险、新的不安全因素，随着科学技术的发展，预测未来的安全生产面貌及应采取的安全对策。

第一节 安全预测的种类和基本原理

一、安全预测的分类

（一）按预测对象的范围分

1. 宏观预测：是指对整个行业、一个省区、一个局（企业）的安全状况的预测。

2. 微观预测：是指对一个厂（矿）的生产系统或对其子系统的安全状况的预测。

（二）按时间长短分

1. 长（远）期预测：是指对五年以上的安全状况的预测。它为安全管理方面的重大决策提供科学依据。

2. 中期预测：是指对一年以上五年以下的安全生产发展前景进行的预测。它是制定五年计划和任务的依据。

3. 短期预测：是指对一年以内的安全状态的预测。

二、安全预测的基本原理

系统安全预测同其他预测方法一样，遵循如下基本原理：

1. 系统原则。系统安全预测是系统工程，因此，应当从系统的观点出发，以全局的观点、更大的范围、更长的时间、更大的空间、更高的层次来考虑系统安全预测问题，并把系统中影响安全的因素用集合性、相关性和阶层性协调起来。

2. 类推和概率推断原则。如果已经知道两个不同事件之间的相互制约关系或共同的有联系的规律，则可利用先导事件的发展规律来预测迟发事件的发展趋势，这就是所谓的类推预测。

根据小概率事件推断准则，若某系统评价结果其发生事故的概率为小概率事件，则推断该系统是安全的；反之，若其概率很大，则认为系统是不安全的。

3. 惯性原理。对于同一个事物，可以根据事物的发展都带有一定的延续性，即所谓惯性，来推断系统未来发展趋势。所以惯性原理也可以称为趋势外推原理。

应该注意的是，应用此原理进行安全预测是有条件的，它是以系统的稳定性为前提的，也就是说，只有在系统稳定时，事物之间的内在联系及其特征才有可能延续下去。但是绝对稳定的系统是不存在的，这就要根据系统某些因素的偏离程度对预测结果进行修正。

第二节　安全预测的本质和建模

安全预测的本质，也就是建立系统安全可以预测的思想。任何一个系统，要想对其安全状态进行预测，就必须掌握其在一定时期内内在的规律性，否则将失去预测的意义。

一、系统安全的可预测性

关于系统安全的可预测性探讨，首先宏观分析方面，发现系统安全的发展变化具有内在规律性，只要能保证并遵循其内在规律性，就可以对其变化做出预测，因为系统在预测期与统计期和滤波期的结构是同构的，即系统的内部结构不发生异化。而系统的发展变化也表明，同构是相对的，异化是绝对的。因此，对系统安全进行预测就必须把异化变化的范围控制在预测精度的允许误差之内。

系统安全的可预测性，从微观分析，就是系统安全预测应遵循惯性原理、相关性原理和随机性原理。因系统大多是动态的、不稳定的和不可逆的，系统安全的发展就有多种可能的未来状态，就必须用这些原理进行研究和分析。在系统安全预测中，应用最多的是随机性原理。随机性预测模型的预测误差被看作是来自系统以外的随机因素作用的结果，而安全指标就是在时间序列上变动的随机变量，它组成一个有序的随机变量的数值集合，随机过程的统计特性刻画了随机过程的本质，也就决定了系统安全的可预测性。

二、系统安全预测的时间特性

由于预测是在时间序列上通过建立数学或统计模型来进行的，任何模型的建立必须以变量为基础，而对系统安全预测影响的主要变量因素应是不变的或在允许的范围内变化，也就是说，支配变量应是不变的。一旦支配变量换元成功，即系统发生异化，系统安全预测的质量就不能得到保证，如图5-1所示。预测存在一个有效时间域问题，也只有在此有效时间域内预测才有效，如图 5-1 中Ⅰ区，若系统处于一个支配变量的变元区，也就是系统处在发展阶段的转换时期，在此区段是不可预测的，如图 5-1 中Ⅱ区。

三、系统安全预测的有效特性

在系统安全预测中，通常采用定量预测，要保证预测的有效性，必须注意以下四点：首先，预测对象本身以及一些主要支配变量必须能进行量化，且预测需要的数据必须完整、系统、准确，数据量满足预测模型的要求，并且对系统中的不确定性数据信息，即随机信息、模糊信息、灰色信息和未确知信息要进行有效的分类和处理；其次，对于预测数学模型的选取，由于建模者对系统安全认识的角度不同，建模者对变量的选择和数学模型的选择往往有一定程度上的主观性和

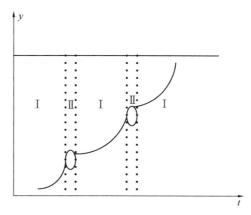

图 5-1　预测区间示意图
Ⅰ—可预测区间；Ⅱ—不可预测区间

经验性，若要保证安全预测的有效性，就必须对系统安全预测的数学模型进行可靠评价；再者，由于系统安全本身是一个动态随机的非线性过程，若要进行线性化处理，就有可能造成系统某些特性的丧失，使预测失去准确性；还有预测的有效性不会超出人们对系统安全的认识水平，它永远与系统安全的认识理论水平同级别，也就是说，若对系统的安全认识理论一无所知，预测的有效性将无法得到保证。

四、预测的建模过程

预测的建模过程如图 5-2 所示，主要由数据整理、模型识别、参数确定、预测、有效性分析、预测结论等组成。数据整理就是根据预测的要求对系统安全的统计数据进行分析归类；模型识别即选择具体的数学模型，并确定变量数目及其结构；参数确定就是根据统计数据和已确定的数学模型来确定相关参数；预测即据已知变量求预测值；有效性分析就是预测值和实际值相比较是否满足预测精度。若不满足，须重新进行模型识别和参数确定。

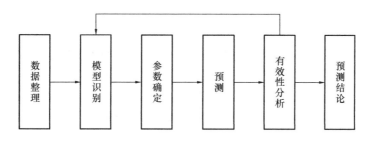

图 5-2　预测的建模过程

预测结论的可靠性与精度，取决于预测方法的合理性。提高预测质量，须从预测的本质和预测过程两方面考虑。

1. 统计期和预测期内的系统应是同构的，或异构在允许的范围之内。

2. 应把预测使用数据的确定性信息和不确定性信息严格区分开来，不确定信息越少，预测精度就越高。

3. 应充分利用近期数据对预测模型的参数进行重新确定，而不是一直使用旧的参数进行预测。

4. 选择合理的数学模型，并保证外推预测的有效性。

第三节 安 全 预 测 方 法

预测方法从大的方面可分为经验推断预测法、时间序列预测法及计量模型预测法。本节就其中的主要常见预测方法作一介绍。

一、回归分析法

要准确地预测，就必须研究事物的因果关系。回归分析法就是一种从事物变化的因果关系出发的预测方法。它利用数理统计原理，在大量统计数据的基础上，通过寻求数据变化规律来推测、判断和描述事物未来的发展趋势。

事物变化的因果关系可用一组变量来描述，即自变量与因变量之间的关系。这些依从关系一般可以分为两大类。一类是确定的关系，它的特点是：自变量为已知时就可以准确地求出因变量，变量之间的关系可用函数关系确切地表示出来。另一类是相关关系，或称为非确定关系，它的特点是：虽然自变量与因变量之间存在密切的关系，却不能由一个或几个自变量的数值准确地求出因变量，在变量之间往往没有明确的数学表达式，但我们可以通过观察，应用统计方法大致地或平均地说明自变量与因变量之间的统计关系。回归分析法正是根据这种相互关系建立回归方程的。

（一）一元线性回归法

比较典型的回归法是一元线性回归法，它是根据自变量（x）与因变量（y）的相互关系，用自变量的变动来推测因变量变动的方向和程度，其基本方程式为：

$$y = a + bx \tag{5-1}$$

式中　y——因变量；

　　　x——自变量；

　a、b——回归系数。

进行一元线性回归，应首先收集事故数据，并在以时间为横坐标的坐标系中画出各个相对应的点，根据图中各点的变化情况，就可以大致看出事故变化的某种趋势，然后进行计算，求出回归直线。

回归系数 a、b 是根据统计的事故数据通过以下方程组来确定的：

$$\begin{cases} \sum y = n \cdot a + b \cdot \sum x \\ \sum xy = a \cdot \sum x + b \sum x^2 \end{cases} \tag{5-2}$$

式中　x——自变量，为时间序号；

　　　y——因变量，为事故数据；

　　　n——事故数据总数。

解上述方程组得：

$$\begin{cases} a = \dfrac{\sum x \cdot \sum xy - \sum x^2 \cdot \sum y}{(\sum x)^2 - n \cdot \sum x^2} \\ b = \dfrac{\sum x \cdot \sum y - n \sum xy}{(\sum x)^2 - n \cdot \sum x^2} \end{cases}$$ (5-3)

a 和 b 确定之后就可以在坐标系中画出回归直线。

【例 5-1】表 5-1 是某矿务局 1988～1997 年顶板事故死亡人数的统计数据，试用一元线性回归方法建立其预测方程。

顶板事故死亡人数的统计数据表   表 5-1

年份	时间顺序 x	死亡人数 y	x^2	$x \cdot y$	y
1988	1	30	1	30	900
1989	2	24	4	48	576
1990	3	18	9	54	324
1991	4	4	16	16	16
1992	5	12	25	60	144
1993	6	8	36	48	64
1994	7	22	49	154	484
1995	8	10	64	80	100
1996	9	13	81	117	169
1997	10	5	100	50	25
合计	$\sum x = 55$	$\sum y = 146$	$\sum x^2 = 385$	$\sum x \cdot y = 657$	$\sum y^2 = 2802$

解： 将表中数据代入上述方程组便可求出 a 和 b 的值，即：

$$a = \frac{\sum x \cdot \sum xy - \sum x^2 \cdot \sum y}{(\sum x)^2 - n \cdot \sum x^2} = \frac{55 \times 657 - 385 \times 146}{55^2 - 10 \times 385} = 24.3$$

$$b = \frac{\sum x \cdot \sum y - n \sum xy}{(\sum x)^2 - n \cdot \sum x^2} = \frac{55 \times 146 - 10 \times 657}{55^2 - 10 \times 385} = -1.77$$

故回归直线的方程为：

$$y = 24.3 - 1.77x$$

在坐标系中画出回归直线，如图 5-3 所示。

在回归分析中，为了了解回归直线对实际数据变化趋势的符合程度的大小，还应求出相关系数 r，其计算公式如下：

$$r = \frac{L_{xy}}{\sqrt{L_{xx} \cdot L_{yy}}}$$ (5-4)

式中

$$L_{xy} = \sum xy - \frac{1}{n} \sum x \sum y$$

$$L_{xx} = \sum x^2 - \frac{1}{n} (\sum x)^2$$

$$L_{yy} = \sum y^2 - \frac{1}{n} (\sum y)^2$$

将表 5-1 中的有关数据代入，即：

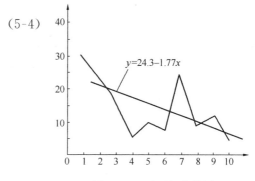

图 5-3　一元回归直线图

129

$$L_{xy} = 657 - \frac{1}{10} \times 55 \times 146 = -146$$

$$L_{xx} = 385 - \frac{1}{10} \times 55^2 = 82.5$$

$$L_{yy} = 2802 - \frac{1}{10} \times 146^2 = 670.4$$

故
$$r = \frac{-146}{\sqrt{82.5 \times 670.4}} = -0.62$$

$|r| = 0.62 > 0.6$，说明回归直线与实际数据的变化趋势相符合。

所以，可根据所建立的回归直线预测方程对以后的死亡人数趋势进行预测。

注意：相关系数 $r = 1$ 时，说明回归直线与实际数据的变化趋势完全相符；$r = 0$ 时，说明 x 与 y 之间完全没有线性关系。在大部分情况下，$0 < |r| < 1$。这时，就需要判别变量 x 与 y 之间有无密切的线性相关关系。一般来说，r 越接近于 1，说明 x 与 y 之间存在着的线性关系越强，用线性回归方程来描述这两者的关系就越合适，利用回归方程求得的预测值也就越可靠。

(二) 一元非线性回归方法

在回归分析法中，除了一元线性回归法外，还有一元非线性回归分析法、多元线性回归分析法、多元非线性回归分析法等。

非线性回归的回归曲线有多种，选用哪一种曲线作为回归曲线，则要看实际数据在坐标系中的变化分布形状，也可根据专业知识确定分析曲线。非线性回归的分析方法是通过一定的变换，将非线性问题转化为线性问题，然后利用线性回归的方法进行回归分析。

根据专业知识和实用观点，这里仅列举一种非线性回归曲线——指数函数。

1.
$$y = a \cdot e^{bx} \tag{5-5}$$

令
$$y' = \ln y, a' = \ln a$$

则有
$$y' = a' + bx$$

2.
$$y = a \cdot e^{\frac{b}{x}} \tag{5-6}$$

令
$$y' = \ln y, \quad x' = \frac{1}{x}, \quad a' = \ln a$$

则有
$$y' = a' + bx'$$

【例 5-2】某矿 2004 年的工伤人数的统计数据见表 5-2，用指数函数 $y = a \cdot e^{bx}$ 进行回归直线分析。

某矿 2004 年工伤人数统计数据

表 5-2

月份	时间序号 x	工伤人数 y	$y' = \ln y$	x^2	xy'	y'^2
1	1	15	2.708	1	2.708	7.333
2	2	12	2.485	4	4.970	6.175
3	3	7	1.946	9	5.838	3.787
4	4	6	1.792	16	7.168	3.211
5	5	4	1.386	25	6.390	1.931
6	6	5	1.609	36	9.654	2.589

月份	时间序号 x	工伤人数 y	$y'=\ln y$	x^2	xy'	y'^2
7	7	6	1.792	49	12.544	3.211
8	8	7	1.946	64	15.568	3.780
9	9	4	1.386	81	12.474	7.000
10	10	4	1.386	100	13.860	1.921
11	11	2	0.696	121	7.623	0.480
12	12	1	0.000	144	0	0
合计		$\sum y = 78$	$\sum y' = 19.129$	$\sum x^2 = 650$	$\sum xy' = 99.337$	$\sum y'^2 = 36.336$

解： 对 $y = a \cdot e^{bx}$ 两边取自然对数得：

$$\ln y = \ln a + bx$$

令

$$y' = \ln y, \quad a' = \ln a$$

则

$$y' = a' + bx$$

用一元线性回归方程计算公式得：

$$a' = \frac{\sum x \cdot \sum xy' - \sum x^2 \cdot \sum y'}{(\sum x)^2 - n \cdot \sum x^2} = \frac{78 \times 99.337 - 650 \times 19.129}{78^2 - 12 \times 650} \approx 2.73$$

$$b = \frac{\sum x \cdot \sum y' - n \cdot \sum xy'}{(\sum x)^2 - n \cdot \sum x^2} = \frac{78 \times 19.129 - 12 \times 99.337}{78^2 - 12 \times 650} \approx -0.175$$

因 $a' = \ln a$，所以 $a = e^{a'} = e^{2.73} \approx 15.33$

故指数回归方程为：

$$y = 15.33 e^{-0.175x}$$

求相关系数 r：

$$L_{xy'} = \sum xy' - \frac{1}{n} \sum x \cdot \sum y' \approx -25.00$$

$$L_{xx} = \sum x^2 - \frac{1}{n}(\sum x)^2 = 143$$

$$L_{y'y'} = \sum y'^2 - \frac{1}{n}(\sum y')^2 = 5.84$$

$$r = \frac{L_{xy'}}{\sqrt{L_{xx} \cdot L_{y'y'}}} \approx -0.87$$

$r = -0.87$，说明用指数曲线进行回归分析，在一定程度上反映了该矿工伤人数的趋势。所以，可根据建立的回归方程对以后工伤人数发展趋势进行预测。

回归分析方法还可用于事故预测。根据过去的事故变化情况和事故统计数据进行回归分析，由得到的回归曲线方程，预测判断下一阶段的事故变化趋势，以指导下一步的安全工作。

二、灰色预测法

灰色系统是邓聚龙教授首先提出的一种新的系统理论，利用灰色系统理论预测的主要优点是它通过一系列数据生成方法（直接累加法、移动平均法、加权累加法、遗传因子累加法、自适性累加法等）将根本没规律的、杂乱无章的或规律性不强的一组原始数据序列变得具有明显的规律性，解决了数学界一直认为不能解决的微积分方程建模问题。

灰色系统预测是从灰色系统的建模、关联度及残差辨识的思想出发，所获得的关于预测的新概念、观点和方法。

将灰色系统理论用于厂矿企业预测事故，一般选用 GM（1，1）模型，是一阶的一个变量的微分方程模型。

（一）灰色预测建模方法

设原始离散数据序列 $x^{(0)} = \{x_1^0, x_2^{(0)}, \cdots, x_n^{(0)}\}$，其中 N 为序列长度，对其进行一次累加生成处理，得：

$$x_k^{(1)} = \sum_{j=1}^{k} x_j^{(0)} \quad k = 1, 2, \cdots, N \tag{5-7}$$

则以生成序列 $x^{(1)} = \{x_1^{(1)}, x_2^{(1)}, \cdots, x_n^{(1)}\}$ 为基础建立灰色的生产模型

$$\frac{\mathrm{d}x^{(1)}}{\mathrm{d}t} + ax^{(1)} = u \tag{5-8}$$

称为一阶灰色微分方程，记为 GM（1，1），式中 a, u 为待辨识参数。

设参数向量 $\hat{a} = [au]^{\mathrm{T}}$，$y_n = [x_2^{(0)}, x_3^{(0)}, \cdots, x_n^{(0)}]^{\mathrm{T}}$ 和 $B = \begin{bmatrix} -(x_2^{(1)} + x_1^{(1)})/2 & 1 \\ \vdots & \vdots \\ -(x_n^{(1)} + x_{n-1}^{(1)})/2 & 1 \end{bmatrix}$

则由下式求得 $\hat{a}$ 的最小二乘解：

$$\hat{a} = (B^{\mathrm{T}}B)^{-1}B^{\mathrm{T}}y_n \tag{5-9}$$

时间响应方程［即式（5-8）的解］：

$$\hat{x}_1^{(1)} = \left(x_1^{(1)} - \frac{u}{a}\right)\mathrm{e}^{-ak} + \frac{u}{a} \tag{5-10}$$

离散响应方程：

$$\hat{x}_{k+1}^{(1)} = (x_1^{(1)} - u/a)\mathrm{e}^{-ak} + u/a \tag{5-11}$$

式中

$$x_1^{(1)} = x_1^{(0)}$$

将 $\hat{x}_{k+1}^{(1)}$ 计算值作累减还原，即得到原始数据的估计值：

$$\hat{x}_{k+1}^{(0)} = \hat{x}_{k+1}^{(1)} - \hat{x}_k^{(1)} \tag{5-12}$$

GM（1，1）模型的拟合残差中往往还有一部分动态有效信息，可以通过建立残差 GM（1，1）模型对原模型进行修正。

（二）预测模型的后验差检验

可以用关联度及后验差对预测模型进行检验，下面介绍后验差检验。记 0 阶残差为：

$$\varepsilon_i^{(0)} = x_i^{(0)} - \hat{x}_i^{(0)} \quad i = 1, 2, \cdots, n \tag{5-13}$$

式中　$\hat{x}_i^{(0)}$ ——通过预测模型得到的预测值。

残差均值：

$$\bar{\varepsilon}^{(0)} = \frac{1}{n}\sum_{i=1}^{n}\varepsilon_i^{(0)} \tag{5-14}$$

残方差：

$$s_1^2 = \frac{1}{n} \sum_{i=1}^{n} (\varepsilon_i^{(0)} - \bar{\varepsilon})^2 \tag{5-15}$$

原始数据均值：

$$\bar{x} = \frac{1}{n} \sum_{i=1}^{n} x_i^{(0)} \tag{5-16}$$

原始数据方差：

$$s_2^2 = \frac{1}{n} \sum_{i=1}^{n} (x_i^{(0)} - \bar{x})^2 \tag{5-17}$$

为此可计算后验差检验指标：

后验差比值 c：

$$c = s_1/s_2 \tag{5-18}$$

小误差概率 P：

$$P = P\{|\varepsilon_i^{(0)} - \bar{\varepsilon}^{(0)}| < 0.6745 s_2\} \tag{5-19}$$

按照上述两指标，可从表 5-3 查出精度检验等级。

精度检验等级   表 5-3

预测精度等级	P	c
好（GOOD）	>0.95	<0.35
合格（QUALIFIED）	>0.80	<0.5
勉强（JUST MARK）	>0.70	<0.45
不合格（UNQUALIFIED）	≤0.70	≥0.65

（三）灰色预测应用实例

【例 5-3】 已知某矿 1980～1988 年千人负伤率如表 5-4 所列，试用 $GM(1,1)$ 模型对该矿 1989 年、1990 年两年的千人负伤率进行灰色预测，并对拟合精度进行后验差检验。

某矿 1980～1988 年前人负伤率   表 5-4

年份	1980	1981	1982	1983	1984	1985	1986	1987	1988
千人负伤率	56.165	55.650	49.525	34.585	14.405	9.525	8.970	6.475	4.110

解： 由表 5-4 可以得到

$$x^{(0)} = [56.165 \quad 55.650 \quad 49.525 \quad 34.585 \quad 14.405 \quad \cdots \quad 4.110]$$

$$x^{(1)} = [56.165 \quad 111.815 \quad 161.34 \quad 195.925 \quad 210.33 \quad \cdots \quad 239.41]$$

故可建立数据矩阵 $\boldsymbol{B}, \boldsymbol{y}_n$：

$$\boldsymbol{B} = \begin{bmatrix} -83.99 & 1 \\ -136.5775 & 1 \\ \vdots & \vdots \\ -237.355 & 1 \end{bmatrix}$$

$$\boldsymbol{y}_n = [55.650 \quad 49.525 \quad 34.585 \quad 14.405 \quad 9.525 \quad \cdots \quad 4.110]^{\mathrm{T}}$$

由式（5-9）得

$$\hat{\boldsymbol{a}} = \begin{bmatrix} a \\ u \end{bmatrix} = \begin{bmatrix} 0.37285 \\ 93.3336 \end{bmatrix}$$

则

$$a = 0.37285$$

$$u = 93.3336$$

将 a、u 代入式（5-11）可得到：

$$\hat{x}_{k+1}^{(1)} = 250.331 - 194.16^{-0.37285k}$$

$$\hat{x}_{k+1}^{(0)} = \hat{x}_{k+1}^{(1)} - \hat{x}_k^{(1)}$$

计算结果如表 5-5 所列。

计 算 结 果　　　　　　　　表 5-5

年份	序号	$x^{(0)}$	$x^{(1)}$	灰色预测		
				$\hat{x}^{(1)}$	$\hat{x}^{(0)}$	$\hat{\varepsilon}^{(0)}$
1980	1	56.165	56.165	56.165	56.165	0.000
1981	2	55.650	111.815	116.594	60.429	−4.779
1982	3	49.525	161.340	158.215	41.621	7.904
1983	4	34.585	195.925	186.883	28.668	5.917
1984	5	14.405	210.330	206.628	19.745	−5.340
1985	6	9.525	219.855	220.228	13.600	−4.075
1986	7	8.970	228.825	229.595	9.367	−0.397
1987	8	6.475	235.300	260.047	6.452	0.023
1988	9	4.110	239.410	240.491	4.444	−0.334
1989	10			243.551	3.060	
1990	11			245.660	2.109	

进行后验差检验：

$$\varepsilon_i^{(0)} = \hat{x}_i^{(0)} - \hat{x}_i^{(0)} \quad i = 1, 2, \cdots, n$$

$$\bar{\varepsilon}^{(0)} = 0.4408, s_1 = 4.1589$$

$$\bar{x}^{(0)} = 26.60, s_2 = 21.00$$

则

$$c = s_1/s_2 = 0.198 < 0.35$$

$$P = P\{|\varepsilon_i^{(0)} - \bar{\varepsilon}^{(0)}| < 0.6745 s_2\} = 1 > 0.95$$

对照表 5-3 知，灰色系统预测拟合精度为好，预测结果可靠。

三、马尔科夫链预测法

若事物的发展过程及状态只与事物当时的状态有关，即此事物的发展变化具有马尔科夫性质，且一种状态转变为另一种状态的规律又是可预知的，就可以利用马尔科夫链的概念进行计算和分析，预测未来特定时刻的状态。

（一）基本原理

马尔科夫链是表征一个系统在变化过程中的特定状态，可用一组随时间进程而变化的变量来描述。如果系统在任何时刻上的状态是随机性的，则变化过程是一个随机过程，当时刻 t 变到 $t+1$，状态变量从某个取值变到另一个取值，系统就实现了状态转移。系统从某种状态转移到各种状态的可能性大小，可用转移概率来描述。

（二）马尔科夫链模型

已知，初始状态向量为：

$$\boldsymbol{s}^{(0)} = \left[s_1^{(0)}, s_2^{(0)}, s_3^{(0)}, \cdots, s_n^{(0)} \right] \tag{5-20}$$

状态转移概率矩阵为：

$$\boldsymbol{P} = \begin{bmatrix} P_{11} & P_{12} & \cdots & P_{1n} \\ P_{21} & P_{22} & \cdots & P_{2n} \\ \vdots & \vdots & & \vdots \\ P_{n1} & P_{n2} & \cdots & P_{nn} \end{bmatrix} \tag{5-21}$$

状态转移矩阵是一个 n 阶方阵，满足概率矩阵的一般性质，即有 $0 \leqslant P_{ij} \leqslant 1$ 且 $\sum_{j=1}^{n} P_{ij} = 1$。满足这连个性质的行向量称为概率向量。也就是说，状态转移概率矩阵的所有行向量都是概率向量。

一次转移向量 $\boldsymbol{s}^{(1)}$ 为：

$$\boldsymbol{s}^{(1)} = \boldsymbol{s}^{(0)} \boldsymbol{P} \tag{5-22}$$

二次转移向量 $\boldsymbol{s}^{(2)}$ 为：

$$\boldsymbol{s}^{(2)} = \boldsymbol{s}^{(1)} \boldsymbol{P} = \boldsymbol{s}^{(0)} \boldsymbol{P}^2 \tag{5-23}$$

类似地：

$$\boldsymbol{s}^{(k+1)} = \boldsymbol{s}^{(0)} \boldsymbol{P}^{(k+1)} \tag{5-24}$$

（三）马尔科夫链应用实例

【例 5-4】某单位对 1000 名接触矽尘人员进行健康检查时，发现职工的健康状态分布如表 5-6 所示。

接尘职工健康状况 表 5-6

健康状况	健康	疑似矽肺	矽肺
代表符号	$s_1^{(0)}$	$s_2^{(0)}$	$s_3^{(0)}$
人数	800	150	50

根据统计资料，前年到去年各种健康人员的变化情况如下：

健康人员继续保持健康者 70%，有 20% 变为疑似矽肺，10% 的人被确定为矽肺，即：

$$P_{11} = 0.7, \ P_{12} = 0.2 \quad P_{13} = 0.1$$

原有疑似矽肺者一般不可能恢复为健康者，仍保持原状者为 80%，有 20% 被正式确定为矽肺，即：

$$P_{21} = 0, \ P_{22} = 0.8 \quad P_{23} = 0.2$$

矽肺患者一般不可能恢复为健康或返回为疑似矽肺，即：

$$P_{31} = 0, \ P_{32} = 0, \ P_{33} = 1$$

状态转移概率矩阵为：

$$\boldsymbol{P} = \begin{bmatrix} P_{11} & P_{12} & P_{13} \\ P_{21} & P_{22} & P_{23} \\ P_{31} & P_{32} & P_{33} \end{bmatrix}$$

试预测一年后接尘人员的健康状况。

解:

$$\boldsymbol{s}^{(1)} = \boldsymbol{s}^{(0)} \boldsymbol{P} = \begin{bmatrix} s_1^{(0)}, s_2^{(0)}, s_3^{(0)} \end{bmatrix} \begin{bmatrix} P_{11} & P_{12} & P_{13} \\ P_{21} & P_{22} & P_{23} \\ P_{31} & P_{32} & P_{33} \end{bmatrix}$$

$$= \begin{bmatrix} 800 & 150 & 50 \end{bmatrix} \begin{bmatrix} 0.7 & 0.2 & 0.1 \\ 0 & 0.8 & 0.2 \\ 0 & 0 & 1 \end{bmatrix} = \begin{bmatrix} 560 & 280 & 160 \end{bmatrix}$$

一年后接尘人员的健康状况见表 5-7。

预测一年后接尘职工健康状况 表 5-7

健康状况	健康	疑似矽肺	矽肺	合计
代表符号	$s_1^{(1)}$	$s_2^{(1)}$	$s_3^{(1)}$	$\Sigma s_i^{(1)}$
人数	560	280	160	1000

预测结果表明：该单位矽肺发展速度较快，必须加强防尘工作和医疗卫生工作。

系统安全涉及的因素众多，各因素间及其同外部因素间存在着复杂的关系，单用一种预测方法无法满足预测的有效性。因此，在实际操作中必须采用多种预测方法，进行组合预测，改变由于预测模型选择不合理，而带来的预测误差。组合预测就是将不同的预测方法进行合理组合，主要目的是综合利用各种预测方法提供的有用信息，从而有效提高预测精度。迄今，组合预测已在人口、经济等领域得到了应用。组合预测有多种不同的方法，如加权算术平均组合预测、加权几何平均组合预测、加权调和平均组合预测、加权平方和平均组合预测和非线性组合预测等，其中最常用的方法是加权平方和平均组合预测法。

思 考 题

1. 什么是预测？什么是安全预测？
2. 预测的基本原理是什么？
3. 简述线性回归分析的主要步骤，非线性回归通常是怎样进行的？
4. 简述灰色预测 $GM (1, 1)$ 模型计算的主要步骤。

第六章 系统安全决策

第一节 决 策 概 述

一、决策的概念

决策是人们为了实现特定的目标，在占有大量调研预测资料的基础上，运用科学的理论和方法，充分发挥人的智慧，系统地分析主客观条件，围绕既定目标拟定各种实施预选方案，并从若干个有价值的目标方案、实施方案中选择和实施一个最佳的执行方案的人类社会的一项重要活动，是人们在改造客观世界的活动中充分发挥主观能动性的表现，它涉及到人类生活的各个领域。

决策活动是管理活动的重要组成部分。作为管理学的一个特定术语，决策这一概念的含义要广泛得多。凡是根据预定目标做出行动的决定，都称为决策。因此，可以把决策理解为"做出决定"或"决定对策"。可见决策活动同任何领导、任何管理工作，甚至同任何个人都有关系。因此，决策科学知识对企业领导和安全干部都是非常有用的。

在现代管理学中，决策一词有广义、狭义和最狭义三种解释。

决策的广义解释，是把决策理解为一个过程。因为人们对行动方案的确定并不是突然做出的，要经过提出问题、搜集资料、确定目标、拟定方案、分析评价、最后选定等一系列活动环节。而在方案选定之后，还要检查和监督它的执行情况，以便发现偏差，加以纠正。其中任何一个环节出了毛病，都会影响决策的效果。因此一个好的决策者，必然要懂得正确的决策程序，知道其中每个环节应当如何去做和要注意什么，而决策科学也应当研究决策的全过程。

狭义的决策是把决策理解为仅仅是行动方案的最后选择，如我们常说的"拍板"。其实，判断、选择或"拍板"仅仅是决策全过程中的一个环节，如果没有"拍板"前的许多活动，"拍板"必然会成为主观武断的行为，决策也难免出乱子。

对决策的这个概念还有一种最狭义的解释，即仅指在不确定条件下的方案选择。这类决策由于在面对客观环境中的不可控因素，要冒一定风险。因此有人认为，这种要担风险而要靠决策者个人态度和决心来进行的抉择才是决策。

二、决策的种类

决策分类方法很多，一般决策问题根据决策系统的约束性与随机性原理（即其自然状态的确定与否）可分为确定型决策和非确定型决策。

（一）确定型决策

即是在一种已知的完全确定的自然状态下，选择满足目标要求的最优方案。

确定型决策问题一般应具备四个条件：①存在着决策者希望达到的一个明确目标（收益大或损失小）；②只存在一个确定的自然状态；③存在着可供决策者选择的两个或两个以上的抉择方案；④不同的决策方案在确定的状态下益损值（利益或损失）可以计算出来。

（二）非确定型决策

当决策问题有两种以上自然状态，哪种可能发生是不确定的，在此情况下的决策称为非确定型决策。

非确定型决策又可分为两类：当决策问题自然状态的概率能确定，即是在概率基础上做决策，但要冒一定的风险，这种决策称为风险型决策。如果自然状态的概率不能确定，即没有任何有关每一自然状态可能发生的信息，在此情况下决策就称为完全不确定型决策。

风险型决策问题通常要具备如下五个条件：①存在着决策者希望达到的一个明确目标；②存在着决策者无法控制的两种或两种以上的自然状态；③存在着可供决策者选择的两个或两个以上的抉择方案；④不同的抉择方案在不同自然状态下的益损值可以计算出来；⑤未来将出现哪种自然状态不能确定，但其出现的概率可以估算出来。

三、决策的特征

决策有如下五个特征，①决策总是为了达到一个既定的目标，没有目标就无从决策；②决策对实际工作具有直接的指导性，决策是为了行动，不准备实施的决策是多余的；③决策是对未来重大问题和亟待解决的问题所做的决定，它是具有创造性的；④决策总是在确定的条件下寻找优化目标和优化地达到目标的途径，不追求优化，决策是没有意义的；⑤决策总是在若干有价值的方案中进行比较和选优，没有比较和选优，也就不称其为决策。

四、科学决策

科学决策就是建立在科学基础上的决策，它是人类聪明才智的结晶。科学决策包括以下几方面的内容：①严格实行科学的决策程序；②依靠专家运用科学的决策技术；③决策者用正确的思维方法决断。

科学决策是实现经营管理科学化的关键，是保证社会、经济、科技、教育等方面顺利发展的重要因素，也是检验现代领导水平的根本标志。

客观事物的发展都有它自身的规律性。一般来讲，目标选定了，正确的决策就会避免盲目性和风险性，产生正确的行动，得到良好的结果。

五、决策的原则

要使决策科学化，必须遵循以下几条原则：

1. 决策要在全面考虑问题的基础上，抓住要害；

2. 决策要有明确的目标和衡量达到目标的具体标准；

3. 决策必须以较少的劳动消耗和劳动费用取得较大的经济效益，满足人们日益增长的物质文化生活需要为出发点和归宿点；

4. 决策必须是经济上合理，技术上可行，社会政治道德、法律等各方面因素允许；

5. 决策必须从国情国力出发，实事求是，量力而行，并且要有充分的资源作保证；

6. 决策不仅要切实可行，而且要便于管理，并有相应的行动，规划保证决策能付诸实现；

7. 决策必须有应变能力，事先要考虑一些应变措施，使决策具有一定弹性；

8. 决策要留有发生风险后生存的余地，要清醒地估计到各种方案的风险程度，以及可允许的风险度，本着稳健行事的原则，使风险损失不致引起不可挽回的后果；

9. 决策技术和方法必须具有先进性，采用现代管理技术和方法；

10. 使决策规范化、制度化和法律化。

六、决策的程序

决策程序应是一个科学的系统，其每一步骤都有科学的涵义，相互间又有有机的联系。为了使每一步骤达到科学化，还必须有一套科学方法给予保证。

决策程序大致可分为八个阶段。

(一) 发现问题

发现问题是决策工作的出发点，是领导者的重要职责。领导者应该根据既定的目标，积极地搜集和整理情报并发现差距，确认问题。

(二) 建立目标

所谓建立目标是指在一定的环境和条件下，在调研预测的基础上拟订出达到目标的各种办法和方案，并根据目标确立的标准仔细衡量，从中选择最好的方案，做出决定。建立目标必须明确、具体，在时间、地点和数量上都要加以确定。在资源限制方面，要订立一个最高限度；在必需获得的成果方面，要有一个最低限度的标准；在职责方面，要明确其责任。

(三) 调研预测

进行决策，必须开展广泛的调研。首先要摸清情况，有目的地对大量统计数据进行分析处理，去粗取精，编制出简明扼要的表格与资料，提供给智囊系统和决策系统。关键性基础数据必须准确可靠，对动态数据的变化情况和实际值，做到心中有数。其次，广泛查阅、搜集与分析有关的国内外文献资料，尤其要了解国内外解决类似决策问题的方法、后果、经验与教训。除了积累文字情报以外，也应重视活动情报的收集。第三，为了决策科学化的需要，必须搜集有关的信息，并加以处理、传送和使用，即要建立信息系统。第四，由于决策所需要的条件和环境，往往存在一些目前不能确定的因素，此要根据已搜集到的资料和信息，进行预测。科学的预测是决策的前提，预测研究是决策过程的一个重要环节。

(四) 拟订方案

这是为达到目标而寻找途径。制订比较方案往往同从中做出选择一样重要，须注意以下几点：方案的可行性、方案的多样性、方案的层次性。

(五) 分析评估

选择一个有助于实现目标的方案。首先要建立各方案的模型（数学的或物理并求解），对其结果进行评估，分析各方案的费用和功效。运用定性、定量的分析方法评价各方案的效能、价值，权衡对比各方案的利弊，将各方案按优先顺序排列，提出取舍意见，送交最高决策者。

（六）优选方案

这是关键环节，总体权衡，合理判断，选取其一或综合成一，做出决策。

（七）试验实证

当方案选定后必须进行局部试验，以验证其方案运行的可靠性。如果成功，即可进入普遍实施阶段；若所有先前考虑到的后果都变成可能发生的问题，就需要进一步分析研究其原因所在，然后采取预防性措施以消除这些因素。若无法消除，还应该制定一些应急措施来对付可能发生的问题，或反馈回去进行"追踪检查"。

（八）普遍实施

这是决策程序的最终阶段。由于通过上一阶段的试验实证，可靠程度一般是较高的。但是，在执行过程中仍可能发生一些以前没有考虑到的偏离目标的情况。因此为了确保决策的实施，必须建立控制制度和报告制度。用规章制度来衡量实施情况，明确执行者的责任，检查他们为执行命令所采取的行动，遇有问题发生，随时报告，随时纠正偏差。如果主、客观条件发生重大改变，以致必须重新确定目标时，那就必须进行"追踪决策"。

第二节　系统安全决策概述

系统安全决策就是针对生产活动中需要解决的特定安全问题，根据安全标准、规范和要求，运用现代科学技术知识和安全科学的理论与方法，提出各种安全措施方案，经过分析、论证与评价，从中选择最优方案并予以实施的过程。

一、系统安全决策的制订方法

（一）安全决策的内容

因为安全问题及其决策的特点二者在企业建设生存的期间内变化很大，全面地提出安全决策的方法是很复杂的。从计划建厂到关闭，一个企业的生存周期可分为以下六个阶段：设计、建造、试产、生产、维护和改造、解体和拆毁。

生存周期的每一阶段都涉及安全决策，它不仅涉及本阶段，也影响到其他某些或所有阶段。在设计、建造和试产阶段，主要的任务在于选择、研制和实现安全标准以及所决定的安全指标。在生产、维护和拆毁阶段，安全管理的目的在于维持和尽可能改善安全的水准。建造阶段在某种程度也代表了生产阶段，因为建造阶段也要体现安全的原则，所建立的安全指标必须实现。

（二）安全管理决策的层次

安全决策在组织层次上也有根本的差别。Hale 等（1994 年）将单位内有关安全管理的决策区分为三个主要层次。

1. 执行层。在此层工人的行动直接影响工作场所危害物的存在及其控制。这一层次牵涉到危害物的识别以及对危害物的消除、减少和控制方法的选择和执行。该层的自由度是很有限的，因此，反馈和纠正回路主要在于纠正偏差以及把实践与标准加以比较。一旦原有标准不再适合，要在下一高层次的决策中立即做出反应。

2. 计划、组织和处理层。此层次要酝酿和形成那些在执行层次中施行的、针对所有安全危害物的行动。计划和组织层次制订的责任、处理方法和报告途径等都是在安全手册中描述。正是这一层次制订出单位内新危害的新处理办法，并改善原有处理办法，用对危害物的知识深入了解或按着解决危险物的标准来进行。这一层次的工作包括把抽象的原则变成具体的任务分工和实施，它相当于许多质量系统的改进回路。

3. 构建和管理层。这一层次主要涉及安全管理的基本原则。当组织认为目前的计划和在组织水平上的基本方法能达到可接受的业绩时，则启动这一层次的工作。这一层次批评性地监督安全管理系统，并由此针对外部环境的变化而持续进行改善或维持。

Hale 等强调，这三个层次是三种不同反馈的抽象物。它不是按车间、基层管理和上层管理这种等级制来进行的，在每一层次的活动都可以不同的方式来实行。分配任务的方式途径反映了不同企业各自的文化和工作方法。

（三）解决问题的周期

必须通过某种解决问题或做决定过程来管理安全问题。根据 Hale 等（1994 年）的意见，这一过程（称作解决问题周期）在上述三个层次的安全管理中都普遍存在。解决问题周期（PSC）是一种理想的、对安全问题逐步分析和制定决策程序的模式，而这些安全问题是由于潜在或实际偏离于所期望的或计划的目标而引起的。

尽管原则上在三个安全管理层次中实行的步骤是一样的，在实际应用时，还要依据不同的待解决的问题而有所差异。模式表明，安全管理的决策涉及和跨越多种问题。实际上，下述 6 个基本安全决策问题还要分解为一些细致的决定以供挑选：

1. 某活动、部门或公司等的可接受的安全水平或标准是什么？

2. 以什么准则来评价安全水平？

3. 目前的安全水平是什么？

4. 为什么在可接受的安全水平和所观察到的（实际）水平之间存在偏差？

5. 应采取什么手段来纠正偏差并保持符合规定的安全水平？

6. 怎样实施和遵循这些纠正性的行动？

（四）解决问题

安全管理者所面临的挑战多数是需要解决某种类型的问题，例如查明事故的确实原因，以便制订某些预防措施。

对不同安全方案进行评价和选择的过程，需用西蒙（Simon）及其助手（1992 年）称之为"解决问题"的方法。

解决问题的理论，已由最初的心理学向人工智能的研究过渡。要从大量的可能性中挑选解决问题的最优方案。

上述的 Hale 制订的解决问题周期很好地描述了解决不同阶段所涉及的安全问题。解决问题的另一个方法是所谓"手段—终点分析"。采用这个方法时，解决问题者把目前的情况与安全目标加以比较，找出其间的差距，然后寻找出能减少这种差距的行动。

在解决问题方面，依赖于记忆中储存的大量信息，一经提示，信息就会出现。这属于用"头脑风暴法"进行决策。

（五）组织内选择问题及选择时采用的标准

组织的决策模式把"选择问题"看作是一个逻辑过程，在此过程中决策者试图在一系列步骤中最大限度地扩大其目标（制定、修订、更新、替换、随访、纠正等）。以此模式作为组织内"合理决策"的一般性纲要（见图6-1）。

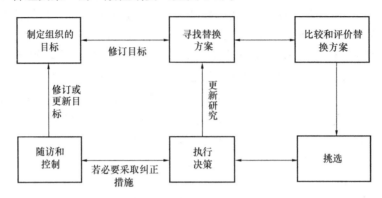

图 6-1　选择问题决策过程

选择问题时采用的标准问题，March 和 Simon（1993 年）指出：组织由于各种原因，宁愿寻求满意的解决方案，而不必追求最适当的解决方案。

1. 最适的方案。假如有一套标准可用来比较所有的方案，同时利用标准来评判并从各方案中选定某一方案，则该方案可称为最适的方案。

2. 满意的方案。假如具有能表现最低限度令人满意方案的标准，同时所选方案满足或超过了这些标准，则该方案为令人满意的。

根据 March 和 Simon（1993 年）的意见，人的多数决策，无论是个体的还是单位的，在于发现和选择满意的方案。仅在一些例外的情况下才去发现和选择合理的方案。对于安全管理，满意的方案常常已经够用，但对某些安全问题来说，其解决办法必须满足一定的标准。选择最适安全决定的要求常常从经济上考虑，诸如："足够好，但要尽可能便宜"。

二、系统安全决策解决问题的步骤

安全决策是企业经营管理总决策中的重要组成部分。其特征、原则、程序等均遵循决策技术进行。安全决策要处理好以下几个关系：①安全目标与生产目标相结合；②安全性与经济性相结合；③先进性与适用性相结合；④决策必须贯彻执行《中华人民共和国安全生产法》及其他各有关安全法规；⑤当前目标与长远规划相结合。

安全管理，简言之，就是解决安全问题。从认识论上讲，有一个处理问题的程序，即：提出问题、分析问题和解决问题。

发现问题只是提出了问题，关键是正确地分析，找出解决问题的途径而去实施解决问题的方案。

解决安全问题的步骤，分为以下三种情况：

1. 解决问题的一般步骤；

2. 事后追查型问题的解决步骤；

3. 预期目标型问题的解决步骤。

（一）解决问题的一般步骤

一般而言，解决问题的程序有以下七个步骤：

1. 调查。查出问题之所在，要了解谁、在什么地方、在什么样的问题上出了偏差。

2. 事实确认。调查和事实确认是连贯的，调查清楚了也就进入了事实确认阶段。这中间有一个反复核对，兼听则明的收集证据的过程。

调查和事实确认都属于发现问题的范围，所以也可以看成一个阶段中的两个步骤，是由浅入深、逐步落实问题的一个整体。

3. 查明原因。即着眼于能证明事实的证据，这是解决问题的第一步。所谓"原因"，无非是人和物两方面的原因。人的失误和物的故障则表现为不安全行为和不安全状态。这一般是直接原因。这里要查清的是构成人与物两方面直接原因的原因，即找出管理缺陷的本质原因来。所以，这里应把查原因的重点放在管理上，对管理上存在的问题加以分析。

4. 原因评价。如前所述，没有只存在一个原因的结果，许多事故都是由几个原因促成的。另外，拟定一个预期目标，既要有物质条件的改善，又要修订作业标准，还要培训工人，这些因素都没有障碍才能促成目标的实现。无论是事后追查型问题，还是预期目标型问题，企图一次把全部原因和障碍都找出来，一揽子加以解决是不现实的。所以必须按重要性、迫切性设定一个先后顺序，这个步骤就是原因评价。

整理出的事故原因（事后型）和障碍要点（预期型）则称为"问题要点"。所谓问题要点，它和"问题"有本质差异。前者是指由原因和障碍要点带来的那些问题以及解决问题所遇到的障碍条件而言。整理出的问题要点要按轻重缓急定出解决问题的顺序。

5. 研究对策。从前一步骤"原因评价"选出的问题，分为软件和硬件两个方面去研究解决办法。因为要研究排除问题的对策，必须反过来追溯问题的发生经过。溯本求源，找出解决途径。

6. 实施对策。所谓"对策"就是有针对性的措施和办法。办法一经确定，就要组织人力、物力付诸实现，所以要有实施的负责人、实施程序和完成日期。

7. 评价。有一个实施的计划程序仅仅是第一步，还要"评价"。即在观察措施计划实施效果的同时，要评定措施的完善程度，对不合理之处，在检查评定之后要加以纠正。

这七项步骤形成一个发现问题和解决问题的系列，构成一个整体，并将此总结保存起来，作为情报积累。

（二）事后追查型问题的解决步骤

事后追查型问题的解决步骤如图6-2所示。从事故调查到原因评价是由各基层以车间为中心进行的。

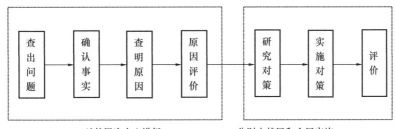

图 6-2　事后追查型问题的解决步骤

有的问题是现场处理不了的，如"研究对策"以后各项涉及各个部门的职能，则应由上级部门去处理。

1. 查出问题。指的是对事故及事故隐患等问题的调查。

2. 事实确认。这是断定发生事故当时和出现隐患时，工作场所和设备状况。

3. 查明原因。指找出直接原因和造成直接原因的背景原因，从管理上找出发生事故的本质原因。

4. 原因评价。对发生事故的各种原因进行评价，找出构成原因的各种可能性，并判断实现某种措施的紧急性。

5. 研究对策。从软件（系统分析、人机工程、管理、规章制度等）、硬件（设备、工具、操作方法等）两方面研究排除事故和隐患的措施与方法，必要时应根据历史上的经验教训等情报进行再评价。

6. 实施对策。即将前一阶段制订的措施计划和方案付诸实施。

7. 评价。检查各项措施实施的状况，必要的措施有无欠妥之处，在实施过程中有无不合理之处。

（三）预期目标型问题的解决步骤

预期目标型问题的解决步骤如图 6-3 所示。这是事先拟设的目标或计划的预期成果。要想抓得准，看得远，把目标建立在切实可行的基础上，就必须靠必要的资料和情报。

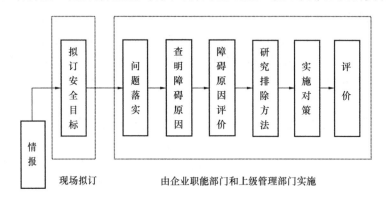

图 6-3　预期目标型问题的解决步骤

预期目标型问题从情报开始，以下也分为七个步骤。各阶段解决问题的内容简述如下。

1. 拟订安全目标。一般由现场或基层单位拟定，报上级批准。目标中要确定把现行的标准提高到什么水平，将伤亡率或事故严重度降低到什么水平，如何推动安全生产到某一更高水平等。

2. 问题落实。决定由何部门何人负责完成，改善现状需要什么条件，如何创造这种条件等。

3. 查明障碍主要原因。要检查为达到预期成果所遇到的障碍是什么，采取何种措施去克服这种障碍，为什么会造成这种障碍等。

4. 障碍主要原因的评价。评价造成障碍各主要因素的影响何在，障碍到什么程度，直接受阻还是间接受阻等。

5. 研究排除障碍实现目标的方法。从软件、硬件两方面研究排除障碍的方法，考虑措施的可能性及可行性，必要时可作若干修改。

6. 实施对策。将前段制订的措施，从人力、物力、财力上逐一落实，付诸实施。

7. 评价。检查措施的实施状况，在实施中改正缺陷。

三、系统安全决策程序

第一阶段，发现安全问题。根据存在的事故隐患，通过调查研究，用系统分析的方法把安全生产中存在的问题查清楚。

第二阶段，确定目标。目标是指在一定环境和条件下，在预测的基础上要求达到的结果，目标有三个特点：①可以计量成果；②有规定的时间；③可以确定责任。这一步骤需要采用调查研究和预测技术两种科学方法。

第三阶段，价值准则。确定价值准则是为了落实目标，作为以后评价和选择方案的基本依据。它包括三方面的内容：①把目标分解为若干层次的、确定的价值指标；②规定价值指标的主次、缓急、矛盾时的取舍原则；③指明实现这些指标的约束条件。

价值指标有三类：学术价值、经济价值和社会价值。安全价值属于社会价值。确定价值准则的科学方法是环境分析。

第四阶段，拟制方案。这是寻找达到目标的有效途径。对方案的有效性进行比较才能鉴别，所以必须制订多种可供选择的方案。在拟订多种方案中，要广泛利用智囊技术，如"头脑风暴法"、"哥顿法"、"对演法"等。开发创造性思维的方法，也包括在其中。

第五阶段，分析评估。即建立各方案的物理模型和数学模型，并求得模型的解，对其结果进行评估。分析评估的科学方法：①可行性分析；②树形决策（决策树）；③矩阵决策；④统计决策；⑤模糊决策。后四项统称为决策技术。

第六阶段，方案选优。在进行判断时，对各种可供选择的方案权衡利弊，然后选取其一，或综合为一。

第七阶段，试验验证。方案确定后要进行试点。试点成功再全面普通实施，如果不行，则必须反馈回去，进行决策修正。

第八阶段，普遍实施。在实施过程中要加强反馈工作，检查与目标偏离的情况，以便及时纠正偏差。如果情况发生重大变化，则可利用"追踪决策"，重新确定目标。依据上述决策结果制订安全规划。安全规划由近期到远期，有目前和长远两大方面。目前和近期的计划应结合具体人的不安全行为和物的不安全状态去加设安全装置、信号系统和防护设备，并建立安全规章制度。长远规划应包括生产的经营方针和提高效益。效益分为经济效益和社会效益。安全效益虽属于后者，但应把安全和经济效益挂起钩来。

第三节　系统安全决策的方法

在安全决策中，针对所决策问题的性质、条件风险性大小的不同，可以运用多种方法。下面仅就一些常用的方法做一介绍。

一、ABC 分析法

ABC 分析法又叫 ABC 管理法、主次图法、排列图、巴雷托图等。该法是有巴雷托法则转化而来的。借用德鲁克的话来讲，就是"在社会现象中，少数事物（10%～20%）对结果有 90% 的决定作用，而大部分事物只对结果有 10% 以下的决定作用。"即"关键的少数与次要的多数"原理。ABC 方法在企业中得到广泛应用，已成为提高经济效益的重要手段。

ABC 分析方法运用在安全管理上，就是应用"许多事故原因中的少数原因带来较大的损失"的法则，根据统计分析资料，按照不同的指标和风险率进行分类与排列，找出其中主要危险和管理薄弱环节，针对不同的危险特性，实行不同的管理方法和控制方法，以便集中力量解决主要问题。

ABC 分析法用图形表示即巴雷托图，如图 6-4 所示。该图是一个坐标曲线图，其横坐标为所要分析的对象，如某一系统中各组成部分的故障模式、某一失效部件的各种原因等，纵坐标即横坐标所标示的分析对象的量值，如失效系统中各组成部分事故相对频率、某一失效系统和部件的各种原因的时间或财产损失等。

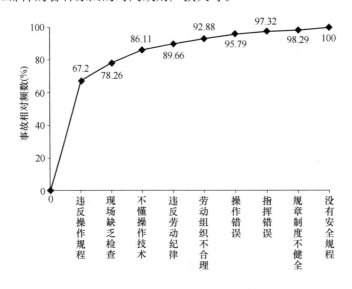

图 6-4　安全管理项目的巴雷托分布图

图 6-4 是化工系统有关安全管理项目所作的巴雷托分布图，其数据见表 6-1。

化工系统安全管理不善出现事故类型统计　　　　　　　　　　　　表 6-1

事故类型	事故数	相对频率（%）	事故类型	事故数	相对频率（%）
违反操作规程	6258	67.02	操作错误	272	2.91
现场缺乏检查	1050	11.24	指挥错误	143	1.53
不懂操作技术	735	7.87	规章制度不健全	137	1.47
违反劳动纪律	329	3.53	没有安全规程	113	1.21
劳动组织不合理	301	3.22	总计	9338	100%

根据图 6-4 中的巴雷托曲线对应（纵坐标）的百分比，就可查出关键因素和部件。通

常将占累加百分数 0～90％的部分或因素称为主要因素或主要部位，其余 10％（即90％～100％）称为次要因素或次要部位。0～80％的部分或因素称为关键因素或关键部位，即 A 类（如图中违反操作规程和现场缺乏检查两项），80％～90％的部分或因素划为 B 类（即图中不懂操作技术和违反劳动纪律两项），余下部分或因素划为 C 类。

在安全管理上，若不作分析图，也可参考表 6-2 来划分 A、B、C 的类别。

划分 ABC 类别的参考因素 表 6-2

程度 类别 因素	A	B	C
事故严重度	可造成人员死亡	可能造成人员严重伤害、严重职业病	可能造成轻伤
对系统影响程度	整个系统或两以上的子系统损坏	某子系统损坏或功能丧失	对系统无多大影响
财产损失	可能造成严重的损失	可能造成较大的损失	可能造成轻微的损失
事故概率	容易发生	可能发生	不大可能发生
对策的难度	很难防止或投资很大，费时很多	能够防止，投资中等，费时不很多	易于防止，投资不大，费时少

二、智力激励法

智力激励法也称为头脑风暴法或集思广益法，是一种运用集体智慧的方法。个人的创造性是非常重要的，但每个人所掌握的知识和经验是有局限性的。集中一批富有个性的人在一起讨论，由于每人的知识和经验不同，掌握的材料不同，观察问题的角度和分析问题的方法各异，因而在拥有大范围的知识和经验的基础上通过相互讨论与交流，就可以激出更多的想法与对策。

(一) 专家评审法

这种方法的特点是邀集一批专家内行，针对所要决策的问题，敞开思想，各抒己见，畅所欲言，无言不尽。为了做到这点，还做如下决定：①与会者没有上下级之分，要平等相待；②允许胡思乱想；③不回避矛盾；④不允许否定和批评别人意见；⑤可对别人的意见做补充和发表相同意见。这种做法不仅适用于对重大问题的对策，也适用于对一个车间、一个班组的安全问题的决策。

(二) 德尔菲法

德尔菲法也称为专家预测法。组织者针对要决策的问题，首先编写出一个意见征询表，将问题及要求函寄给专家们，要求它们限期寄回书面回答，然后将所得看法或建议加以概括，整理成一份综合表，加上意见征询表再寄给各专家，征求第二次书面意见，使专家们在别人意见的启发下提出新的设想，或对自己的意见加以补充或修改。根据情况需要，经过几次反馈后，意见逐步集中和明确，从中可得到较好的预测或决策方案。

三、评分法

评分法根据预先规定标准用分值作为衡量抉择的优劣尺度，对抉择方案进行定量评价。如果有多个决策（评价）目标，则先分别对各个目标评分，再经处理求得方案的总分。

（一）评分标准

一般按 5 分制评分。"理想状态"取最高分（5 分），"不能用"的取最低分（1 分），中间状态分别取 4 分（良好）、3 分（可用）、2 分（勉强可用）。

（二）评分方法

如在本节介绍的专家评审法中，由专家以评价目标为序对各个抉择方案评分，取平均值或除去最大、最小值后的平均值作为分值。

（三）评价目标体系

评价目标一般包括三个方面的内容：技术目标、经济目标和社会目标。就安全管理决策来说，要解决某个安全问题，若有几个不同的技术抉择方案，则其评价目标体系大致有如下内容：技术方面有先进性、可靠性、安全性、维修性、操作性、可换性等；经济方面有成本、质量、原材料、时间等；社会方面有劳动条件、环境、习惯、生活方式等。目标数不宜过多，否则难以突出主要因素，不易分清主次，同时还会给参加评价的人员造成极大的心理负担，评价结果反而不能反映实际情况。

（四）加权系数

各项目评价目标其重要性程度是不一样的，必须给每个评价目标一个量化系数。加权系数大，意味着重要程度高。为了便于计算，一般取各评价目标加权系数 g_i 之和为 1。加权系数值可由经验确定或用判别表法列表计算等。

判别表如表 6-3 所示。将评价目标的重要性两两比较，同等重要的各给 2 分；某一项比另一项重要者则分别给 3 分和 1 分；某一项比另一项重要得多，则分别给 4 分和 0 分。将对比的给分填入表中。

加权系数判别计算表

表 6-3

比较者＼被比者	A	B	C	D	k_i	$g_i = k_i / \sum_{i=1}^{n} k_i$
A		1	0	1	2	0.083
B	3		1	2	6	0.250
C	4	3		3	10	0.417
D	3	2	1		6	0.250
重要程度排序 C＞B＝D＞A					$\sum_{i=1}^{4} k_i = 24$	$\sum_{i=1}^{4} g_i = 1.0$

计算各评价目标加权数公式为：

$$g_i = k_i / \sum_{i=1}^{n} k_i \tag{6-1}$$

式中　k_i——各评价目标的总分；

n——评价目标数。

当目标较多时，比较过程应十分冷静、细致，否则会引起混乱，陷入自相矛盾的境地。

另一种办法是对于多个目标不一对一地逐个对比，而是只依次对两个目标做一次比较，如表 6-4 所示。按从上到下的顺序，对上下两个相邻目标进行比较。先比较目标 A 和

B，认为 A 的重要性是 B 的 2 倍，而 B 的重要性是 C 的一半，这样一直进行到底。

重 要 程 度 比 较 表

目标	暂定重要程度	修正重要程度	加权系数
A	2.0	1.5	0.316
B	0.5	0.75	0.158
C	1.5	1.5	0.316
D	—	1.0	0.210
重要程度排序 A=C>D>B	$\sum\limits_{i=1}^{n} k_i = 4.75$	$\sum\limits_{i=1}^{n} g_i = 1.0$	

表 6-4

若把最后一项目标 D 的数值假定为 1.0，因为它上面的目标 C 是 D 的 1.5 倍，因此，修正的重要程度即为原来的 1.5 倍(D×C=1×1.5=1.5)。目标 C 上面的目标 B 是 C 的一半，故修正的重要程度为 0.75(C×B=1.5×0.5=0.75)。目标 B 上面的目标 A 是 B 的 2 倍，故修正的重要程度为 1(B×A=0.75×2=1.5)。由此看出，目标 A、C 最重要且同等重要，其次是 D，最不重要的是 B。

最后求各修正程度系数之和，并以其和除以各修正重要程度系数即得到各目标的加权系数。

这种方法较上述方法可用较少的判断次数来确定重要程度，但主观因素也更强一些。

（五）定性目标的定量处理

有些目标如美观、舒适等，很难定量表示，一般只能用很好、好、较好、一般、差，或是优、良、中、及格、不及格等定性语言来表示。这时可规定一个相应的数量等级，如很好或优给 5 分，好或良给 4 分，差或不及格给 1 分。

但应注意，诸如美观、舒适之类目标，不同的人有不同的感受。如操作座椅，对形体高大的人认为舒适，而对形体矮小的人感觉可能相反。对美观更是如此。因此，他们对同一事物可能给出不同的评分。这时可用概率决策方法来处理，求其期望价值 $E(V)$。

$$E(V) = \sum_{i=1}^{n} P_i V_i \tag{6-2}$$

式中　V_i——目标 i 可能有的价值；

　　　P_i——特定价值发生的概率；

　　　n——目标数。

（六）计算总分

计算总分有多种方法，如表 6-5 所示，可根据具体情况选用。总分或有效值高者为较佳方案。

总 分 计 分 法

表 6-5

序号	方法	公式	备注
1	分值相加法	$Q_1 = \sum\limits_{i=1}^{n} k_i$	计算简单，直观
2	分值相乘法	$Q_2 = \prod\limits_{i=1}^{n} k_i$	各方案总分相差大，便于比较

序号	方法	公式	备注
3	均值法	$Q_3 = \dfrac{1}{n}\sum\limits_{i=1}^{n}k_i$	计算较简单，直观
4	相对值法	$Q_4 = \dfrac{\sum\limits_{i=1}^{n}k_i}{nQ_0}$	$Q_4 \leqslant 1$，能看出与理想方案的差距
5	有效值法（加权计分法）	$N = \sum\limits_{i=1}^{n}k_i g_i$	总分中考虑各评价目标的重要度

表中　Q——方案总分值；

N——有效值；

n——评价目标数；

k_i——各评价目标的评分值；

g_i——各评价目标的加权系数；

Q_0——理想方案总分值。

四、重要度系统评分法

上述评分方法适用于同一层次的评价对象，若用它们去评价多层次的复杂体系时，则存在着一定的困难。例如图 6-5 中，对象 F_{11} 与 F_{32} 就很难比较，原因是不同层次的上下对象之间，由于其目的不同，因而其作用与性质也就有所差别，存在着一定的不可比性，如果再要评出一个数量的差异来就更加困难了。为了克服这一困难，可按照重要度体系图进行评分。

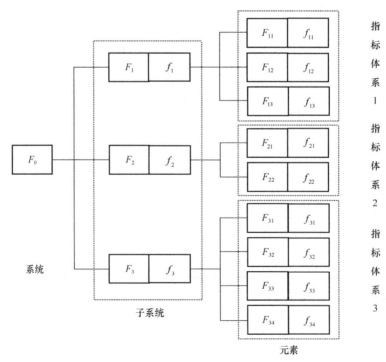

图 6-5　重要度体系评分图

具体做法是：首先只对重要度体系图中的同一指标体系的底层对象评分，有几个不同指标的底层对象就评几次分，如图 6-5 中用虚线方框所示 $(F_{11}、F_{12}、F_{13})、(F_{21}、F_{22})、(F_{31}、F_{32}、F_{33})$；然后再对中间层 $(F_1、F_2、F_3)$ 评分。显然，每次评分中的指标对象都有同一目的，因为都是从上一层的一个直接的指标对象分出，故可比性强。另外，又由于每次评分时组内的对象个数少，通常可采用直接评分法，这样可使评分者易于准确地表达自己的意见，因而比较简单明快。评分结果注于相应的对象之后，用 f_i 及 f_{ij} 来表示。

下面分别介绍各对象的最终评分值的计算方法。

（一）把每一个虚线方框内的得分归一化

用 $\overline{f}_i$ 与 $\overline{f}_{ij}$ 来表各示相应对象的归一化，其结果是：

$$\overline{f}_1 = \frac{f_1}{f_1 + f_2 + f_3}; \quad \overline{f}_2 = \frac{f_2}{f_1 + f_2 + f_3};$$

$$\overline{f}_3 = \frac{f_3}{f_1 + f_2 + f_3}; \quad \overline{f}_{11} = \frac{f_{11}}{f_{11} + f_{12} + f_{13}};$$

$$\overline{f}_{12} = \frac{f_{12}}{f_{11} + f_{12} + f_{13}}; \quad \overline{f}_{13} = \frac{f_{13}}{f_{11} + f_{12} + f_{13}};$$

其他依次类推。

（二）计算各对象的最终得分

用 f'_i 与 f'_{ij} 来表示各相应对象的最终得分，其计算公式如下：

$$f'_{ij} = \overline{f}_i \, \overline{f}_{ij} \tag{6-3}$$

例如对象 $F_{31}、F_{12}$ 的得分分别为：

$$f'_{31} = \overline{f}_3 \, \overline{f}_{31}, \, f'_{12} = \overline{f}_1 \, \overline{f}_{12}$$

下面计算几个对象得分。根据图 6-5，设 F_1 得 6 分，F_2 得 9 分，F_3 得 11 分。首先归一化得：

$$\overline{f}_1 = \frac{6}{6+9+11} = 0.23$$

$$\overline{f}_2 = \frac{9}{6+9+11} = 0.346$$

$$\overline{f}_3 = \frac{11}{6+9+11} = 0.423$$

为了说明问题，只算 F_1 下层对象得分。应该注意，下层对象的得分之和，应等于上层对象的得分。这样 F_{11} 得 2 分，F_{12} 得 3 分，F_{13} 得 1 分，然后归一化得：

$$\overline{f}_{11} = \frac{2}{2+3+1} = 0.333$$

$$\overline{f}_{12} = \frac{3}{2+3+1} = 0.5$$

$$\overline{f}_{13} = \frac{1}{2+3+1} = 0.167$$

然后根据式（6-3）计算各对象的最终得分：

$$F_{11}: f'_{11} = \overline{f}_1 \, \overline{f}_{11} = 0.23 \times 0.333 = 0.077;$$

$$F_{12}: f'_{12} = \overline{f}_1 \, \overline{f}_{12} = 0.23 \times 0.5 = 0.115;$$

$$F_{13}: f'_{13} = \overline{f}_1 \, \overline{f}_{13} = 0.23 \times 0.167 = 0.038。$$

用同样的方法可以算出 F_2 和 F_3 的下层各对象的得分，这里就不一一计算。

五、决策树法

决策树是决策过程一种有序的概率图解表示，因此，决策树分析决策方法又称概率分析决策方法，是风险型决策中的基本方法之一。决策树法是一种演绎性方法，它将决策对象按其因果关系分解成连续的层次与单元，以图的形式进行决策分析，由于这种决策图形似树枝，故俗称"决策树"。

（一）决策树的结构

决策树的结构如图 6-6 所示，其基本结构分为三个点（决策点、状态点和结果点）和两个分枝（方案分枝和概率分枝），具体表述如下：

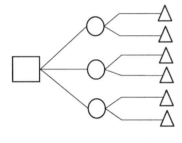

图 6-6　决策树示意图

决策点——用矩形符号表示，代表最后选择的最佳方案。

状态点——用圆形符号表示，也称为方案节点，代表方案将会遇到的不同状态。

结果点——用三角形符号表示，也称为"末梢"，代表每一种状态所得到的结果。

方案分枝——由决策点引出的分枝，连接决策点和状态点，每条分枝代表一个方案。

概率分枝——由状态点引出的分枝，连接状态点和结果点，每条分枝的上面注明了自然状态（客观条件）及其概率值，且每条分枝代表一种状态。

（二）决策步骤

首先根据问题绘制决策树，然后由右向左逐一分析，根据概率分枝的概率值和相应结果节点的收益值，计算各概率点的收益期望值，并分别标在各概率点上，再根据概率点期望值的大小，找出最优方案。

（三）决策树分析法的优点

1. 决策树能显示出决策过程，不但能统观决策过程的全局，而且能在此基础上系统地对决策过程进行合理分析，集思广益，便于做出正确决策。

2. 决策树显示把一系列具有风险性的决策环节联系成一个统一的整体，有利于在决策过程中周密思考，能看出未来发展的几个步骤，易于比较各种方案的优劣。

3. 决策树法既可进行定性分析，也可进行定量分析。

（四）应用举例

【例 6-1】某厂因生产上需要，考虑自行研制一个新的安全装置。首先，这个研制项目是否要向上级公司申报，如果准备申报，则需要申报的费用为 5000 元，不准备申报，则可省去这笔费用，这一事件决策者完全可以决定，这是一个主观抉择环节。如果决定向上申报，上级公司批准的概率为 0.8，而不批准的概率为 0.2，这种不能由决策者自身抉择的环节称为客观随机抉择环节。接下来是采取"本厂独立完成"形式还是由"外厂协作完成"形式来研制这一安全装置，这也是主观抉择环节。每种形式都有失败可能，如果研制成功（无论哪一种形式），能有 6 万元的效益；若采用"独立完成"形式，则研制费用为 2.5 万元，成功概率为 0.7，失败概率为 0.3；若采用"外厂协作"形式，则支付研制费用为 4 万元，成功概率为 0.9，失败概率为 0.1。

首先画出决策树，如图 6-7 所示。然后根据上述数据计算各结果点的收益值（收益＝效益－费用），并填在"△"符号旁。

独立研制成功的收益：

$$60 - 5 - 25 = 30（千元）$$

独立研制失败的收益：

$$0 - 5 - 25 = -30（千元）$$

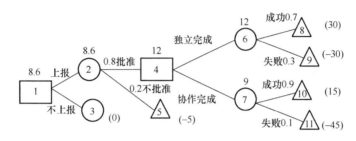

图 6-7 决策树图

协作研制成功的收益：

$$60 - 5 - 40 = 15（千元）$$

协作研制失败的收益：

$$0 - 5 - 40 = -45（千元）$$

按照期望值公式计算期望价值：

期望值公式：

$$E(V) = \sum_{i=1}^{n} P_i V_i \tag{6-4}$$

式中　V_i——事件 i 的条件价值；

　　　P_i——特定事件 i 的发生概率；

　　　n——事件总数。

独立研制成功的期望值：

$$E(V_6) = 0.7 \times 30 + 0.3 \times (-30) = 12（千元）$$

协作研制成功的期望值：

$$E(V_7) = 0.9 \times 15 + 0.1 \times (-45) = 9（千元）$$

根据期望值决策准则，决策目标是收益最大，则采用期望值最大的行为方案，如果决策目标是使损失最小，则选定期望值最小的行为方案。本例选用期望值大者，即选用独立研制形式。接下去在节点 4 处填入 12 数值，在下方结果结点 5 旁填入－5（申报费），计算申报环节的期望值：

$$E(V_2) = 0.8 \times 12 + 0.2 \times (-5) = 8.6（千元）$$

六、技术经济评价法

技术经济评价法的特点是对抉择方案进行技术经济综合评价时，不但考虑各评价目标的加权系数，而且所取的技术价和经济价都是相对于理想状态的相对值，这样更便于决策时判断和选择，也利于方案的改进。

（一）技术评价

技术评价的步骤如下：

1. 明确评价的技术性能项目。

2. 明确评价目标的重要程度。在众多的技术目标中，要明确哪些是必须满足的，低于或高于该目标（指标）就不合格，即所谓固定要求；哪些是可以给出一个允许范围的，即有一个最低要求；哪些只是一种尽可能考虑的愿望，即使达不到，也不影响根本性质，即希望的要求。明确了各项技术具体指标就为确定评价目标的重要程度创造了有利条件。

3. 分项进行技术目标评价：即采用本节中的评分法进行。

4. 进行技术目标总评价：在分项评分的基础上，进行总的评价，即各技术目标的评分值与加权系数乘积之和与最高分（理想方案）的比值。

$$W_t = \frac{\sum\limits_{i=1}^{n} V_i g_i / n}{V_{max} \sum\limits_{i=1}^{n} g_i} = \frac{\sum\limits_{i=1}^{n} V_i}{n V_{max}} \tag{6-5}$$

式中　W_t——技术价；

　　　V_i——各技术评价目标（指标）的评分值；

　　　g_i——各技术评价目标的加权系数，取 $\sum\limits_{i=1}^{n} g_i = 1$；

　　V_{max}——最高分（理想方案，5分制的5分）；

　　　n——技术评价目标数。

技术价 W_t 值越高，方案的技术性能越好。理想方案的技术价为1，$W_t < 0.6$ 表示方案不可取。

（二）经济评价

经济评价的步骤如下：

1. 按成本分析的方法，求出各方案制造费用 C_i。

2. 确定该方案理想制造费用 C_i。通常理想的制造费是允许制造费用 C 的 0.7 倍。允许制造费用可按下式计算：

$$C = \frac{C_{M,min}}{\beta} \tag{6-6}$$

$$\beta = \frac{C_s}{C_i} = \frac{标准价格}{制造费用}$$

式中　$C_{M,min}$——合适的市场价格；

　　　C_s——标准价格，是研制费用、制造费用、行政管理费用、销售费用、盈利和税金的总和。

3. 确定经济价：

$$W_\omega = \frac{C_I}{C_i} = \frac{0.7C}{C_i} \tag{6-7}$$

经济价 W_ω 值越大，经济效果越好。理想方案的经济价为1，表示实际生产成本等于理想成本。W_ω 的许用值为 0.7，此时，实际生产成本等于允许成本。

（三）技术经济综合评价

可用计算法或图法处理技术价和经济价，来确定技术经济综合评价：

1. 相对价。

均值法
$$W = \frac{1}{2}(W_t + W_\omega) \tag{6-8}$$

双曲线法
$$W = \sqrt{W_t + W_\omega} \tag{6-9}$$

相对价 W 值大，方案的技术经济综合性能好，一般应取 $W > 0.65$。当 W_t、W_ω 两项中有一项数值较小时，用双曲线法能使 W 值明显变小，更便于对方案的决策。

2. 优度图。优度图如图 6-8 所示。图中横坐标为技术价 W_t，纵坐标为经济价 W_ω。每个方案的 W_{ti}、$W_{\omega i}$ 值构成点 S_i，S_i 的位置反映此方案的优度。当 W_t、W_ω 值均等于 1 时的交点 S_1 是理想优度，表示技术经济综合指标的理想值。$0 \text{—} S_1$ 连线称为"开发线"，线上各点 $W_t = W_\omega$。S_i 点离 S_1 点越近，表示技术经济指标越高，离开发线越近，说明技术经济综合性能越好。

七、稀少事件评价法

（一）什么是稀少事件

稀少事件（Rare Events）是指那些发生的概率非常小的"百年不遇"的事件，对它们很难用直接观测的方法进行研究。在稀少事件中有两类不同的风险估计：一类是称为"零—无穷大"的风险，指的是那些发生的可能性很小（几乎为零）而后果十分严重（几乎是无穷大）的事故，例如核电站的重大事故。另一类是发生概率很小，但涉及的面或人数很广，而它们的后果却不像前一类明显，并且被一些偶然的因素、另外一些风险、与它们的作用相同或相反的种种其他作

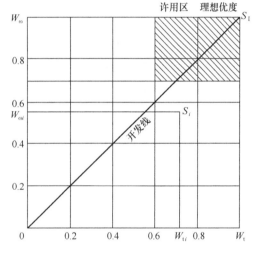

图 6-8　优度图

用因素所掩盖，如水质污染与癌症发病率的关系。在水质污染不是特别严重的情况下，很难确定与癌症发病率之间的关系。前一类情况主要涉及明显事故的估计与评估，后一类情况则主要是对潜在危险进行测量和估计。

对稀少事件很难给出一个严格定义，就第一类事故情况来说，一般采用如下的定义：即一百年才可能发生一次事故称为稀少事故。其数学表达式如下：

$$nP < 0.01 / \text{年} \tag{6-10}$$

式中　n——试验次数；

$\quad\quad P$——事故发生的概率。

（二）稀少事件的风险度

稀少事件一般服从二项式分布，它们相互独立，发生的概率为 P，在 n 次试验中，有 m 次成功的概率 $P(m)$ 为：

$$P(m) = C_n^m P^m (1-P)^{n-m} \tag{6-11}$$
$$m = 0, 1, \cdots, n$$

其均值（期望值）： $E(X) = nP$ (6-12)

方差 $D(X)$： $D(X) = nP(1-P)$ (6-13)

风险度 R 为： $R = \dfrac{\sqrt{D(X)}}{E(X)} = \dfrac{\sqrt{nP(1-P)}}{nP}$ (6-14)

对于稀少事件，$P \ll 1$，故有：

$$\begin{cases} D(X) \approx nP \\ R = \dfrac{1}{\sqrt{nP}} \end{cases} \tag{6-15}$$

（三）绝对风险与对比风险

概率估计只有当概率不太大和不太小时才比较准确，因为以期望值（均值）为基础的统计数据对稀少事件分析已失去效用，需要引入对比风险的概念。对比风险与绝对风险可定义如下。

绝对风险：是对某一可能发生事件的概率及其后果的估计，也就是我们通常所讨论的风险概念。

对比风险：可分为两种情况，一种是对于发生概率相似的事件，比较其发生的后果；另一种是对于两种后果及大小相似的事件，比较其发生的概率。图 6-9 是绝对风险与对比风险的适用区域示意图。

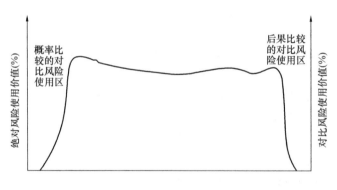

图 6-9　绝对风险与对比风险的适用区域示意图

（四）稀少事件风险估计的应用

当决策者要在多种抉择方案中做决策时，首先会遇到某种稀少现象（事件）是否值得考虑或者在用智力激励法进行风险辨识时，人们提出的许多应考虑的因素是否都要认真考虑和估计等问题。下面举一例说明。

某企业存在一种有害物质，你有两种存放方案：一种是简单的浅埋，另一种是放在专门建造的地窖中。浅埋比较经济，但在发生水灾时会大量溢散。水灾的发生是稀有事件。现在需要决定，是否需要考虑浅埋溢散的影响？设有害物质的保护期一百年。当发生水灾时，浅埋方案会造成 100% 的有害物质溢散，而专建地窖方案有 10% 的溢散。因专建的地窖是按要求建造的，溢散 10% 是可以接受的。

假定一个对风险持中性态度的人，等价水平 $P = 0.01/100$ 年（即一百年中发生溢散的概率为 0.01 与埋在专建地窖中等价），决策者为更保险，将此又降低两个数量级，即认为等价水平是 $P=10^{-6}$/年，然后就要对水灾发生的概率进行估计。如果概率小于 10^{-6}/年，可以采用浅埋方案，否则，则用专建地窖方案。

八、模糊综合决策（评价）法

在安全管理与决策过程中，常常会因某些数据缺乏，一时很难用量比的办法来描述事件，只好用定性的语言叙述。如预测事故发生，常用可能性很大、可能不大或很少可能；预测事故后果时，也常用灾难性的、非常严重的、严重的、一般的等词句来加以区别，尤其是对人的生理状态和心理状态更是如此，没法用数量来表达，只能用定性的概念来评价。确切地说，用"模糊概念"来评价。模糊综合决策就是利用模糊数学将模糊信息定量化，对多因素进行定量评价与决策。

传统的安全管理，基本上是凭经验和感性认识去分析和处理生产中各类安全问题，对安全评价只有"安全"或"不安全"的定性估计。给事件发生记为"1"，不发生记为"0"，二者必居其一。这样对所分析的生产中安全问题，忽略了问题性质的程度上的差异，而这种差异有时是很重要的。例如在分析或识别高处作业的危险性时，不能简单地划分为"安全"（0）、"不安全"（1），而必须考虑"危险性"这个模糊概念的程度怎样。模糊概念不是只用"1"、"0"两个数值去度量，而是用 0～1 之间的一个实数去度量，这个数就叫"隶属度"。例如某方案对"操作性"的概念有八成符合，即称它对"操作性"的隶属度是 0.8。用函数表示不同条件下隶属度的变化规律称为"隶属函数"。隶属度可通过已知的隶属函数或统计法求得。

模糊综合决策主要分为两步进行：首先按每个因素单独评判，然后再按所有因素综合评判。其基本方法和步骤介绍如下。

（一）建立因素集

因素集是指所决策（评价）系统中影响评判的各种因素为元素所组成的集合，通常用 U 表示，即：

$$U = \{u_1, u_2, \cdots, u_m\} \tag{6-16}$$

各元素 $u_i (i = 1, 2, \cdots m)$ 即代表各影响因素。这些因素通常具有不同程度的模糊性。例如，评判公路隧道施工安全状况时，为了通过综合评判得出合理的值，需选用能够全面反映公路隧道施工安全状况的因素，包括安全管理 u_1、环境条件 u_2、爆破作业与爆破器材 u_3、出碴与洞内运输 u_4、施工通风 u_5、个人防护 u_6、施工用电 u_7 和施工设备及设施 u_8 等 8 个影响因素。上述因素 $u_1 \sim u_8$ 都是模糊的，由它们组成的集合，便是评判公路隧道施工安全状况的因素集。

（二）建立权重集

一般说来，因素集 U 中的各因素对安全系统的影响程度是不一样的。对重要的因素应特别看重；对不太重要的因素，虽然应当考虑，但不必十分看重。为了反映各因素的重要程度，对各个因素应赋予一相应的权数 a_i。由各权数所组成的集合：

$$A = \{a_1, a_2, \cdots, a_m\} \tag{6-17}$$

A 称为因素权重集，简称权重集。

各权数 a_i 应满足归一性和非负性条件：

$$\Sigma a_i = 1 \quad a_i \geqslant 0 \tag{6-18}$$

它们可视为各因素 u_i 对"重要"的隶属度。因此，权重集是因素集上的模糊子集。

（三）建立评判集

评判集是评判者对评判对象可能作出的各种总的评判结果所组成的集合。通常用 V 表示，即：

$$V = \{v_1, v_2, \cdots, v_n\} \tag{6-19}$$

各元素 v_i 即代表各种可能的总评判结果。模糊综合评判的目的，就是在综合考虑所有影响因素的基础上，从评判集中得出一最佳的评判结果。

（四）单因素模糊评判

单独从一个因素进行评判，以确定评判对象对评判集元素的隶属度，称为单因素模糊评判。

设对因素集 U 中第 i 个因素 u_i 进行评判，对评判集 V 中第 j 个元素 v_j 的隶属程度为 r_{ij}，则按第 i 个因素 u_i 评判的结果，可用模糊集合：

$$R_i = (r_{i1}, r_{i2}, \cdots, r_{in})$$

同理，可得到相应于每个因素的单因素评判集如下：

$$
\begin{aligned}
R_1 &= (r_{11}, r_{12}, \cdots, r_{1n}) \\
R_2 &= (r_{21}, r_{22}, \cdots, r_{2n}) \\
&\vdots \\
R_m &= (r_{m1}, r_{m2}, \cdots, r_{mn})
\end{aligned}
\tag{6-20}
$$

各单因素评判集的隶属度行组成矩阵，又称为评判（决策）矩阵。

$$
\mathbf{R} = \begin{bmatrix}
r_{11} & r_{12} & \cdots & r_{1n} \\
r_{21} & r_{22} & \cdots & r_{2n} \\
\vdots & \vdots & & \vdots \\
r_{m1} & r_{m2} & \cdots & r_{mn}
\end{bmatrix}
\tag{6-21}
$$

（五）模糊综合评判（决策）

单因素模糊评判，仅反映了一个因素对评判对象的影响。要综合考虑所有因素的影响，得出正确的评判结果，这便是模糊综合评判（决策）。

如果已给出评判矩阵 $\mathbf{R}$，再考虑各因素的重要程度，即给定隶属函数值或权重集 $\mathbf{A}$ 则模糊综合评判模型为：

$$\mathbf{B} = \mathbf{AR} \tag{6-22}$$

评判集 V 上的模糊子集，表示系统评判集诸因素的相对重要程度。

注意式（6-22）是模糊矩阵的"合成"，其定义是：

$$\mathbf{AR} = \mathbf{B} = (b_{ij})$$

而

$$b_{ij} = \bigvee_{k=1}^{n} (a_{ik} \wedge r_{ki}) \tag{6-23}$$

式中，$i = 1, 2, \cdots, m$；

$\qquad j = 1, 2, \cdots, p$；

$\qquad k = 1, 2, \cdots, n$，而且它表示 $\mathbf{A}$ 的列数，也表示 $\mathbf{R}$ 的行数。

两个模糊子集的合成与矩阵的乘法类似，但需要把计算式中的普通乘法换为取最小值运算（∧），把普通加法换为取最大值运算（∨）即可。

（六）模糊综合评判应用实例

【例 6-2】 设评判建筑施工现场的安全状况，一般可考虑人的因素（人的不安全行为）、机（施工机械）的因素（物的不安全状态）、环境（施工环境）的因素（环境的不安全条件）及管理的因素。由此建立的建筑施工安全评价体系是建筑施工中的人、机、环境和管理的综合评价。如图 6-10 建筑施工现场人—机—环境和管理安全评价指标体系。

1. 建筑施工人—机—环境和管理系统层次结构

由图 6-10 建筑施工现场人—机—环境和管理安全评价指标体系可得到层次因素集如下：

第一层次因素集为：$U = \{u_1, u_2, u_3, u_4\}$

第二层次因素集为：$u_1 = \{u_{11}, u_{12}, u_{13}, u_{14}\}$；$u_2 = \{u_{21}, u_{22}, u_{23}, u_{24}\}$；$u_3 = \{u_{31}, u_{32}, u_{33}, u_{34}, u_{35}\}$；$u_4 = \{u_{41}, u_{42}, u_{43}, u_{44}, u_{45}, u_{46}, u_{47}\}$。

2. 建筑施工人—机—环境和管理系统的评判集

$V = \{4A, 3A, 2A, A\}$ 其中，$4A$ 为优；$3A$ 为良；$2A$ 为合格；A 为不合格。

3. 人—机—环境和管理系统建筑施工现场安全评价指标结构的权重确定过程的正确与否，直接决定着评价结果的正确性，现有确定权重

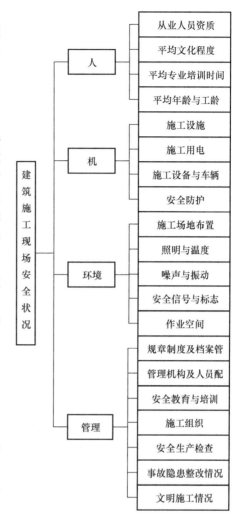

图 6-10 建筑施工现场人—机—环境和管理安全评价指标体系

的方法很多，主要有专家评分法、层次分析法和相对比较法。本例采用专家评分法来确定权重，参加的人员有建筑施工安全相关方面的专家，各自结合本人的经验和施工现场的具体情况确定权重，避免经验不足和人员结构不全，引起评定具有偏颇性。权重确定结果见表 6-6。

建筑施工人—机—环境和管理系统指标权重　　　　表 6-6

准则	权数		指标	权数	
人（u_1）	A_1	025	从业人员资质 u_{11}	A_{11}	0.33
			平均文化程度 u_{12}	A_{12}	0.25
			平均专业培训时间 u_{13}	A_{13}	0.27
			平均年龄与工龄 u_{14}	A_{14}	0.15

准则		权数	指标		权数
机（u_2）	A_2	0.20	施工设施 u_{21}	A_{21}	0.18
			施工用电 u_{22}	A_{22}	0.32
			施工设备与车辆 u_{23}	A_{23}	0.14
			安全防护 u_{24}	A_{24}	0.36
环境（u_3）	A_3	0.10	施工场地布置 u_{31}	A_{31}	0.16
			照明与温度 u_{32}	A_{32}	0.24
			噪声与振动 u_{33}	A_{33}	0.11
			安全信号与标志 u_{34}	A_{34}	0.35
			作业空间 u_{35}	A_{35}	0.14
管理（u_4）	A_4	0.45	规章制度及档案管理 u_{41}	A_{41}	0.20
			管理机构及人员配置 u_{42}	A_{42}	0.18
			安全教育与培训 u_{43}	A_{43}	0.16
			施工组织 u_{44}	A_{44}	0.14
			安全生产检查 u_{45}	A_{45}	0.15
			事故隐患整改情况 u_{46}	A_{46}	0.10
			文明施工情况 u_{47}	A_{47}	0.07

4. 因素评判集的确定

建筑施工安全人—机—环境和管理系统的因素评判集的确定采用评委评分法，从建筑施工安全专家库中抽取10人组成安全专家组，具体做法是，任意固定一个因素，进行单因素评判，联合所有单因素评判，得到单因素评判矩阵 **R**。如对从业人员资质（u_{11}）这个因素评判，若有10%的人认为优，50%的人认为良，30%的人认为合格，10%认为不合格。如此分别对准则层下20个单因素，得到其评判集，见表6-7。

建筑施工人—机—环境和管理系统安全评价指标因素评价集　　　　表6-7

指　标	良模糊关系 **R**			
	优	良	合格	不合格
从业人员资质 u_{11}	0.10	0.50	0.30	0.10
平均文化程度 u_{12}	0.60	0.10	0.20	0.10
平均专业培训时间 u_{13}	0.10	0.30	0.40	0.20
平均年龄与工龄 u_{14}	0.40	0.40	0.20	0.00
施工设施 u_{21}	0.10	0.30	0.40	0.20
施工用电 u_{22}	0.20	0.50	0.20	0.10
施工设备与车辆 u_{23}	0.10	0.50	0.30	0.10
安全防护 u_{24}	0.10	0.40	0.50	0.00
施工场地布置 u_{31}	0.10	0.40	0.50	0.00
照明与温度 u_{32}	0.10	0.30	0.60	0.00
噪声与振动 u_{33}	0.00	0.40	0.50	0.10
安全信号与标志 u_{34}	0.00	0.40	0.40	0.20
作业空间 u_{35}	0.10	0.40	0.40	0.10

指　标	良模糊关系 **R**			
	优	良	合格	不合格
规章制度及档案管理 u_{41}	0.10	0.20	0.40	0.30
管理机构及人员配置 u_{42}	0.00	0.10	0.40	0.50
安全教育与培训 u_{43}	0.10	0.20	0.30	0.40
施工组织 u_{44}	0.00	0.10	0.30	0.60
安全生产检查 u_{45}	0.00	0.30	0.40	0.30
事故隐患整改情况 u_{46}	0.10	0.10	0.30	0.50
文明施工情况 u_{47}	0.00	0.10	0.20	0.70

5. 一级模糊评判（单因素评判）

在本建筑施工系统中，分别对人、机、环境、管理各单因素进行评判，首先对建筑施工人的因素模糊评判：

已知人的因素指标权重

$$A_1 = \{A_{11}, A_{12}, A_{13}, A_{14}\} = \{0.33, 0.25, 0.27, 0.15\}$$

由专家评价得到 $\boldsymbol{R}_1 = \begin{bmatrix} 0.10 & 0.50 & 0.30 & 0.10 \\ 0.60 & 0.10 & 0.20 & 0.10 \\ 0.10 & 0.30 & 0.40 & 0.20 \\ 0.40 & 0.40 & 0.20 & 0.00 \end{bmatrix}$

则 $\boldsymbol{B}_1 = \boldsymbol{A}_1 \cdot \boldsymbol{R}_1$

$$= \begin{bmatrix} (0.10 \wedge 0.33) \vee (0.60 \wedge 0.25) \vee (0.10 \wedge 0.27) \vee (0.40 \wedge 0.15) \\ (0.50 \wedge 0.33) \vee (0.10 \wedge 0.25) \vee (0.30 \wedge 0.27) \vee (0.40 \wedge 0.15) \\ (0.30 \wedge 0.33) \vee (0.20 \wedge 0.25) \vee (0.40 \wedge 0.27) \vee (0.20 \wedge 0.15) \\ (0.10 \wedge 0.33) \vee (0.10 \wedge 0.25) \vee (0.20 \wedge 0.27) \vee (0.00 \wedge 0.15) \end{bmatrix}$$

$$\begin{bmatrix} 0.10 \vee 0.25 \vee 0.10 \vee 0.15 \\ 0.33 \vee 0.10 \vee 0.27 \vee 0.15 \\ 0.30 \vee 0.20 \vee 0.27 \vee 0.15 \\ 0.10 \vee 0.10 \vee 0.20 \vee 0.00 \end{bmatrix}^T = (0.25, 0.33, 0.30, 0.20)$$

归一化处理得

$$B_1' = \left(\frac{0.25}{1.08}, \frac{0.33}{1.08}, \frac{0.30}{1.08}, \frac{0.20}{1.08} \right) = (0.231, 0.306, 0.278, 0.185)$$

同理，得到 B_2'，B_3'，B_4'，

$$B_2' = (0.182, 0.327, 0.327, 0.164);$$
$$B_3' = (0.100, 0.350, 0.350, 0.200);$$
$$B_4' = (0.142, 0.286, 0.286, 0.286)。$$

$$R = [B'_1, B'_2, B'_3, B'_4]^T = \begin{bmatrix} 0.231 & 0.306 & 0.278 & 0.185 \\ 0.182 & 0.327 & 0.327 & 0.164 \\ 0.100 & 0.350 & 0.350 & 0.200 \\ 0.142 & 0.286 & 0.286 & 0.286 \end{bmatrix}$$

通过对各个单因素进行模糊变换，从单因素评价集中可以看出（0.306，0.327，0.350，0.286）均为（B'_1，B'_2，B'_3，B'_4）中的最大值，按最大隶属度原则，该建筑施工系统的人、机、环境和管理都处于"合格"等级以上，说明此系统处于较好的安全状态。

6. 二级模糊评判

已知 $A = \{A_1, A_2, A_3, A_4\} = \{0.25, 0.20, 0.10, 0.45\}$，把 R 看作 $U = \{u_1, u_2, u_3, u_4\}$ 的评判矩阵，再同上做模糊变换，得到

$$B = A \cdot R = (0.250, 0.200, 0.200, 0.231)$$

归一化处理得 $B' = (0.284, 0.227, 0.227, 0.262)$

按照最大隶属度原则，该建筑施工系统的安全状况综合决策为：相当有 28.4% 的评价人认为优，有 22.7% 的评价人认为良，有 22.7% 的评价人认为合格，有 26.2% 的评价人认为不合格。

以上介绍了几种决策方法，但从中也可以看出一些值得注意的共同问题。

（1）决策中存在的主观因素

决策是由决策者做出的，决策者的主观因素必然影响决策过程。虽然决策方法给我们提供了各种分析方法，但其中许多因素要由决策者做出判断和决定。例如，无论是 ABC 法中类别的划分，智力激励法的目标重要性次序的确定，还是评分法中按重要性决定各目标加权系数等，都是最终为决策者主观确定的。决策者的主观估计要尽可能符合客观实际，这就是要设法能使决策者在做出决定时尽可能少带主观随意性。具体地说，就是要设法能比较客观地决定各目标的相对重要程度，或者是加权系数的数值大小。

（2）决策结构不可能是最理想的答案

多目标决策，很难简单地满足一个要求而不使别的方面的要求受到损失。因此，任何设计方案几乎总是包括妥协的成分，不会是十全十美的。因为受到时间、投资和技术的限制，不可能提出客观存在的无穷个方案，再加上加权系数和诸目标的目的值本身就是一种妥协。所以多目标决策不能获得最优解，所获得的只可能是一种满意解。问题在于如何使所获得的答案能相对更为满意。

（3）决策的目的在于作方案比较

无论哪种决策方法，最终目的是为了综合评价时方案比较。希望在提出的各种方案之间，首先通过定性比较，分出相对的优劣，然后再进行定量的处理。因此，在工程上进行方案选择，大多采用加权处理，以便将诸目标值汇成总目标值，以利比较。

第四节　危险控制的基本原则

系统危险控制是通过对系统进行全面评价和事故预测，根据评价和预测的结果，对事

故隐患采取针对性的限制措施和控制事故发生的对策，是安全系统工程的最终目的。

广义讲，企业生产中运用的各种具体事故预防措施以及各种分析、预测、评价方法，都是系统危险控制的一部分。

一、危险控制的目的

在现阶段的安全科学技术水平下，危险控制的目的主要是以最低的消耗，采取安全对策措施降低事故发生概率和事故后果严重程度。

二、危险控制技术

危险控制技术有宏观控制技术和微观控制技术。

宏观控制技术是以整个系统作为控制对象，运用系统工程的原理，对危险进行控制。采用的手段主要有：法制手段、经济手段和教育手段。

微观控制技术是以具体危险源为对象，以系统工程的原理为指导，对危险进行控制。所采用的手段主要是安全技术措施和安全管理措施，随着对象的不同，措施也不同。

宏观与微观控制技术互相依存，互为补充，互相制约，缺一不可。

三、危险控制的原则

（一）闭环控制原则

系统包括输入输出，通过信息反馈进行决策，并控制输入。这样一个完整的控制过程称为闭环控制，如图 6-11 所示。通过闭环控制可以达到系统优化的目的。

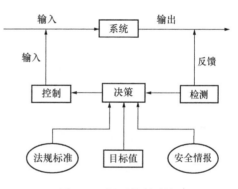

图 6-11　闭环控制系统

（二）动态控制原则

系统是运动、变化的，而非静止不变的，只有正确、适时地进行控制，才能收到预期效果。

（三）分级控制原则

系统中的各子系统、分系统，其规模、范围互不相同，危险的性质、特点亦不相同。因此必须分级控制，各子系统可以自己调整和实现控制，如图 6-12 所示。

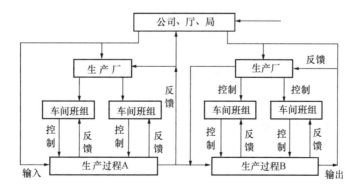

图 6-12　分级控制系统

（四）多层次控制原则

对于系统危险，必须采取多层次控制，以增加其可靠度。一般分六个层次：根本的预防性控制、补充性控制、防止事故扩大的预防性控制、维护性能的控制、经常性控制和紧急性控制。

各层次控制采取的具体内容，随系统危险性质的不同而不同。是否采取 6 个层次，则视其危险程度和严重性而定。上述情况需要通过安全决策来决定。

下面以爆破危险控制为例，对 6 个层次予以说明，如表 6-8 所示。

控制爆炸危险的方案　　　　　　　　　　　　　　　　表 6-8

顺序	1	2	3	4	5	6
目的	预防性	补充性	防止事故扩大的预防性	维护性能	经常性	紧急性
分类	根本性	耐负荷	缓冲、吸收	强度与性能	防误操作	紧急撤退、人身防护
内容摘要	不使产生爆炸事故	保持防爆强度、性能、抑制爆破	使用安全防护装置	对性能作预测监视及测定	维持正常运转	撤离人员
具体内容	（1）物质性质：A 燃烧、B 有毒 （2）反应危险 （3）起火、爆炸条件 （4）固有危险及人为危险 （5）危险状态改变 （6）消除危险源 （7）抑制失控 （8）数据监测及其他	（1）材料性能 （2）缓冲材料 （3）结构构造 （4）整体强度 （5）其他	（1）距离 （2）隔离 （3）安全阀 （4）检测、报警与控制 （5）使事故局部化	（1）性能降低与否 （2）强度蜕化与否 （3）耐压 （4）全装置的性能检查 （5）材质蜕化与否 （6）防腐蚀管理	（1）运行参数 （2）工人技术教育 （3）其他条件	（1）危险报警 （2）紧急停车 （3）个体防护用具

第五节　安全对策措施

一、安全对策措施的基本要求及应遵循的原则

（一）安全对策措施的基本要求

在考虑、提出安全对策措施时，有如下基本要求：

1. 能消除或减弱生产过程中产生的危险、危害；

2. 处置危险和有害物，并降低到国家规定的限值内；

3. 预防生产装置失灵和操作失误产生的危险、危害；

4. 能有效地预防重大事故和职业危害的发生；

5. 发生意外事故时，能为遇险人员提供自救和互救条件。

（二）安全对策措施制定的原则

在安全对策措施制定时，应遵守如下原则：

1. 安全技术措施等级顺序

当安全技术措施与经济效益发生矛盾时，应优先考虑安全技术措施上的要求，并应按下列安全技术措施等级顺序选择安全技术措施：

（1）直接安全技术措施。生产设备本身应具有本质安全性能，不出现任何事故和危害。

（2）间接安全技术措施。若不能或不完全能实现直接安全技术措施时，必须为生产设备设计出一种或多种安全防护装置（不得留给用户去承担），最大限度地预防、控制事故或危害的发生。

（3）指示性安全技术措施。间接安全技术措施也无法实现或实施时，须采用检测报警装置、警示标志等措施，警告、提醒作业人员注意，以便采取相应的对策措施或紧急撤离危险场所。

（4）若间接、指示性安全技术措施仍然不能避免事故、危害发生，则应采用安全操作规程、安全教育、培训和个体防护用品等措施来预防、减弱系统的危险、危害程度。

2. 根据安全技术措施等级顺序要求所应遵循的具体原则

（1）消除。通过合理的设计和科学的管理，尽可能从根本上消除危险、有害因素，如采用无害化工艺技术，生产中以无害物质代替有害物质，实现自动化作业、遥控技术等。

（2）预防。当消除危险、有害因素确有困难时，可采取预防性技术措施，预防危险、危害的发生，如使用安全阀、安全屏护、漏电保护装置、安全电压、熔断器、防爆膜、事故排放装置等。

（3）减弱。在无法消除危险、有害因素和难以预防的情况下，可采取减少危险、危害的措施，如采用局部通风排毒装置、生产中以低毒性物质代替高毒性物质、降温措施、避雷装置、消除静电装置、减振装置、消声装置等。

（4）隔离。在无法消除、预防、减弱的情况下，应将人员与危险、有害因素隔开和将不能共存的物质分开，如遥控作业、安全罩、防护屏、隔离操作室、安全距离、事故发生时的自救装置（如防护服、各类防毒面具）等。

（5）连锁。当操作者失误或设备运行一旦达到危险状态时，应通过连锁装置终止危险、危害发生。

（6）警告。在易发生故障和危险性较大的地方，配置醒目的安全色、安全标志；必要时设置声、光或声光组合报警装置。

3. 安全对策措施应具有针对性、可操作性和经济合理性。

4. 对策措施应符合有关的国家标准和行业安全设计规定的要求。

二、安全技术对策措施

安全技术对策措施的原则是优先应用无危险或危险性较小的工艺和物料,广泛采用综合机械化、自动化生产装置(生产线)和自动化监测、报警、排除故障和安全连锁保护等装置,实现自动化控制、遥控或隔离操作。尽可能防止操作人员在生产过程中直接接触可能产生危险因素的设备、设施和物料,使系统在人员误操作或生产装置(系统)发生故障的情况下也不会造成事故的综合措施,是应优先采取的对策措施。

安全技术对策措施应考虑如下几个方面:

1. 选址及厂区平面布局的对策措施:包括项目选址和厂区平面布置等。

2. 防高处坠落、物体打击对策措施:高处作业的安全防护、安全色和安全标志等。

3. 其他。如体力劳动对策措施,定员编制、工时制度和劳动组织(包括安全卫生机构的设置)、工厂辅助用室的设置、女职工劳动保护等。

三、安全管理对策措施

包括建立健全各项安全管理规章制度、合理配置安全管理机构管理人员、加强安全培训教育和考核、保证与加强安全投入、实施监督与日常检查等。

思 考 题

1. 什么是安全决策?

2. 决策的过程及其主要内容是什么?

3. 决策要素有哪些?它们的相互关系是怎样的?

4. 安全决策有什么特殊性?

5. 安全决策方法有哪些?各有什么特点?

参 考 文 献

[1] 徐志胜. 安全系统工程(第二版)[M]. 北京：机械工业出版社，2012.

[2] 汪元辉. 安全系统工程[M]. 天津：天津大学出版社，1999.

[3] 邵辉. 系统安全工程[M]. 北京：石油工业出版社，2008.

[4] 樊运晓，罗云. 系统安全工程[M]. 北京：化学工业出版社，2009.

[5] 林柏泉，张景林. 安全系统工程[M]. 北京：中国劳动社会保障出版社，2007.

[6] 何学秋. 安全工程学[M]. 徐州：中国矿业大学出版社，2009.

[7] 田水承，李红霞，王莉. 3类危险源与煤矿事故防治[J]. 煤炭学报，2006，(06)：706-710.

[8] 陈全. 事故致因因素和危险源理论分析[J]. 中国安全科学学报，2009，(10)：67-71.

[9] 张跃兵，王凯，王志亮. 危险源理论研究及在事故预防中的应用[J]. 中国安全科学学报，2011，(06)：10-16.

[10] 樊运晓，卢明，李智等. 基于危险属性的事故致因理论综述[J]. 中国安全科学学报，2014，(11)：139-145.

[11] 高进东，吴宗之，王广亮. 论我国重大危险源辨识标准[J]. 中国安全科学学报，1999，(06)：5-9.

[12] 钱新明，陈宝智. 危险源辨识与安全分析[J]. 劳动保护科学技术，1994，(06)：7-10.

[13] 李争峰. 对危险源辨识、风险评价技术方法的应用探讨[J]. 石油化工安全技术，2005，(03)：3-5.

[14] 沈斐敏. 安全系统工程基础与实践[M]. 北京：煤炭工业出版社，1991.

[15] 沈斐敏. 安全系统工程理论与应用[M]. 北京：煤炭工业出版社，2001.

[16] 左东红等. 安全系统工程[M]. 北京：化学工业出版社，2004.

[17] 刘铁民等. 安全评价方法应用指南[M]. 北京：化学工业出版社，2005.

[18] 袁昌明. 安全系统工程[M]. 北京：中国计量出版社，2006.

[19] 魏新利等. 工业生产过程安全评价[M]. 北京：化学工业出版社，2005.

[20] 刘辉，张智超，刘强. 基于PHA-LEC-SCL法公路隧道施工安全评价研究[J]. 现代隧道技术，2010，47(05)：32-36，107.

[21] 王凯全，徐显维，缪志国等. 移动脚手架升降作业的FMECA分析[J]. 中国安全科学学报，2008，18(03)：138-142.

[22] AQ T 3049—2013. 危险与可操作性分析（HAZOP分析）应用导则[S]. 北京：煤炭工业出版社，2013.

[23] 蒋军成等. 安全系统工程[M]. 北京：化学工业出版社，2004.

[24] 张景林，崔国璋. 安全系统工程[M]. 北京：煤炭工业出版社，2002.

[25] 杜瑞兵，曹雄，胡双启. 道化学法在安全评价中的应用[J]. 科技情报开发与经济，2005，09：166-167.

[26] 刘辉，张超. 人—机—环境系统建筑施工现场安全综合评价研究[J]. 重庆建筑大学学报，2007，29(05)：107-111.